少数民族服饰手工艺

胡玉丽　著

中国纺织出版社有限公司

内 容 提 要

本书旨在探讨中国少数民族服饰的多样性、独特性以及丰富的传统手工艺。通过介绍少数民族服饰的历史背景、文化特点及制作工艺，向读者展示这些宝贵的文化遗产，加强读者对少数民族服饰手工艺保护与传承的意识。

本书可供服装专业师生、民族服饰爱好者参考阅读。

图书在版编目（CIP）数据

少数民族服饰手工艺 / 胡玉丽著 . -- 北京：中国纺织出版社有限公司，2024.3

ISBN 978-7-5229-1326-1

Ⅰ . ①少… Ⅱ . ①胡… Ⅲ . ①少数民族 — 民族服饰 — 文化研究 — 中国 Ⅳ . ① TS941.742.8

中国国家版本馆 CIP 数据核字（2024）第 024985 号

责任编辑：亢莹莹　　责任校对：高　涵　　责任印制：王艳丽

中国纺织出版社有限公司出版发行
地址：北京市朝阳区百子湾东里 A407 号楼　邮政编码：100124
销售电话：010—67004422　传真：010—87155801
http://www.c–textilep.com
中国纺织出版社天猫旗舰店
官方微博 http://weibo.com/2119887771
北京通天印刷有限责任公司印刷　各地新华书店经销
2024 年 3 月第 1 版第 1 次印刷
开本：787 × 1092　1/16　印张：10.5
字数：152 千字　定价：78.00 元

凡购本书，如有缺页、倒页、脱页，由本社图书营销中心调换

前言 PREFACE

本书旨在深入探讨中国少数民族服饰的多样性、独特性以及丰富的传统手工艺。通过介绍少数民族服饰的历史背景、文化特点及制作工艺，向读者展示这些宝贵的文化遗产，加强对少数民族服饰手工艺保护与传承的意识。

第一章“少数民族服饰概述”是全面的概览。探讨中国少数民族的特点和分布情况，了解他们在中国境内的地理分布和人口分布情况。同时研究少数民族服饰的历史演变和文化背景，探寻服饰与少数民族文化之间的紧密联系。

第二章“部分少数民族服饰的分类和特点”深入探讨各个少数民族的传统服饰。分别介绍蒙古族、满族、壮族、苗族、瑶族、侗族、彝族、哈尼族、纳西族、傣族、藏族和维吾尔族等的传统服饰，详细描述其特点和地域分布。通过了解这些不同民族的服饰，读者可以领略到中国多元文化的魅力。

第三章“少数民族服饰的材料和制作工艺”聚焦于服饰制作所使用的材料和工艺。介绍少数民族服饰制作所用的各种材料，包括纺织原料、装饰品和辅料等。同时，深入探讨少数民族服饰制作的主要制作工艺，包括织布、缝制和编织等技术。

第四章“少数民族服饰的刺绣手工艺”重点介绍刺绣在少数民族服饰中的应用。探讨刺绣工艺的历史渊源，并详细描述不同民族刺绣的特点和技法。通过欣赏精美的刺绣作品，读者将深入了解刺绣在少数民族服饰中的独特价值。

第五章“少数民族服饰的印染手工艺”探讨印染工艺在少数民族服饰中的应用。介绍印染工艺的发展历程，并详细描述不同民族的印染特点和技法。印染手工艺不仅为服饰增添了丰富的色彩和纹饰，而且反映了各个民族的独特审美和文化表达。

第六章“少数民族服饰手工艺的保护和传承”探讨少数民族服饰手工艺的保护现状以及传承的挑战和问题。了解当前少数民族服饰手工艺面临的风险和威胁，并提出相应的保护和传承建议，以确保这些宝贵的文化遗产能够得到有效的保护和传承。

本书将深入研究少数民族服饰手工艺，旨在呈现其丰富多彩的文化内涵和精湛的制作工艺。通过学习少数民族服饰手工艺，人们可以更好地理解中国的多元文化，并为保护和传承这些宝贵的手工艺做出努力。我们鼓励读者积极参与到保护和传承少数民族服饰手工艺的行动中，以确保这些独特的文化遗产得以传承给后代。

在保护少数民族服饰手工艺方面，建议加强相关法律法规的制定和执行，确保对少数民族服饰手工艺的保护有法可依。同时，需要加强专业人才的培养和传承，通过传统的师徒制度和培训机制，确保手工艺技术得到传承和发展。

此外，呼吁加强对少数民族服饰手工艺的研究和学术交流，通过学术研究和展览活动，增加公众对少数民族服饰手工艺的了解和关注，从而提高社会对其价值的认知。

最后，希望本书能够为读者提供一扇窗口，更深入地了解中国少数民族服饰手工艺的精髓和独特之处，对少数民族服饰手工艺的魅力与价值有更深刻的认识。

愿本书能够为广大读者带来知识的启迪和文化的享受，同时期待着广大读者能够以更加积极的态度去保护、传承和弘扬少数民族服饰手工艺。让我们共同努力，让这些珍贵的文化遗产在岁月中绽放光彩，为世界的多元文化交流做出贡献。

胡玉丽

2023年4月

目录 CONTENTS

少数民族服饰概述

第一节 中国少数民族的特点和分布情况

一、人口规模和分布情况

中国少数民族人口分布广泛，涉及全国各个省份和地区。少数民族主要分布在边疆地区和少数民族自治区，如西藏、新疆、内蒙古、广西、宁夏等。这些地区是少数民族的聚集区，也是保护和传承少数民族文化的重要地域。

（一）边疆地区

边疆地区是中国少数民族人口分布的重要区域。这些地区地理位置偏远，与邻国接壤，包括黑龙江、吉林、云南等。

（二）少数民族自治区

中国设立少数民族自治区，旨在保护和发展少数民族地区的特殊民族文化和民族权益，包括内蒙古自治区、广西壮族自治区、宁夏回族自治区、西藏自治区、新疆维吾尔自治区等。这些地区是各民族共同生活和发展的地方，少数民族人口占据主导地位。自治区政府在保障民族权益、促进经济发展、推动文化传承等方面发挥着重要作用。

（三）其他省份和地区

除了边疆地区和自治区外，中国的其他省份和地区也有少数民族人口分布。例如，云南省是少数民族人口比例最高的省份之一，广东、福建等沿海地区也有少数民族的分布。这些地区多样化的民族构成丰富了中国的多元文化，促进了不同民族之间的交流与融合。

（四）人口比例和民族多样性

中国少数民族的人口规模和比例在全球范围内都是非常显著的。汉族是中国人口的主体，占据了绝大多数，而55个少数民族分布在中国各个地区。这种多民族共存的现象使中国成为一个多元文化的国家。

不同少数民族的人口规模和比例存在较大差异。少数民族人口规模较大的有壮族、回族、满族、维吾尔族等。以壮族为例，壮族是中国人口最多的少数民族，主要分布在广西壮族自治区，占据了该地区总人口的绝大部分，是该地区的主体民族。回族是中国第二大少数民族，主要分布在宁夏回族自治区、甘肃、青海等地。满族主要分布在东北地区，特别是辽宁省。维吾尔族主要分布在新疆维吾尔自治区。

除了人口规模较大的少数民族，还有一些少数民族人口规模较小，如门巴族、赫哲族、达斡尔族等。这些少数民族人口规模较小，分布范围相对较窄，主要集中在特定的地区。这些少数民族的人口规模虽然较小，但其文化和民族特点同样具有重要的意义。

少数民族的人口比例和分布情况在不同地区也存在差异。在一些少数民族地区，如西藏、新疆、内蒙古等，少数民族人口占据了相当比例甚至是绝大多数。而在一些东部地区，汉族人口占据主导地位，少数民族所占比例较低。这种地域分布的不均衡也反映了中国少数民族的人口分布特点。

总体而言，中国少数民族人口规模庞大，分布广泛。少数民族在中国人口构成中具有重要地位，他们的文化、语言、习俗等丰富了中国的多元文化，并为国家的统一和发展做出了重要贡献。同时，少数民族的保护和发展是确保中国社会稳定和谐的重要任务之一。政府应加大对少数民族地区的支持和投入，推动经济发展、改善民生条件，保障少数民族的民族权益和多样性文化的传承及弘扬。

二、文化特点和社会地位

（一）文化多样性

中国少数民族的特点之一是文化多样性。由于不同民族的历史、地理、语言等因素的影响，各个少数民族保留了独特的文化传统。每个民族都有自己独特的语言、服饰、建筑、风俗习惯、音乐舞蹈等，形成了多元而丰富的民族文化面貌。例如，藏族大多信仰藏传佛教，维吾尔族保留了丰富的传统音乐和舞蹈，彝族则以多种手工艺技艺闻名。这些独特的文化特点使中国成为一个多元文化共存的国家。

1.语言多样性

中国少数民族拥有丰富多彩的语言系统，每个少数民族都有其独特的语言。据统计，中国境内有120余种少数民族语言。这些语言与汉语有着不同的语音、词汇和语法结构，反映了少数民族的历史、文化和地理环境。语言作为文化传承的重要载体，承载着少数民族的价值观、知识体系和社会组织方式。保护和传承少数民族语言，对于维护民族文化的独特性和多样性具有重要意义。

2.习俗和传统节日

每个少数民族都有独特的习俗和传统节日，展现出丰富多彩的文化面貌。例如，蒙古族的那达慕大会、藏族的藏历新年、彝族的火把节、哈尼族的花山节等。这些习俗和节日体现了少数民族对自然和神明的崇拜与祈福。在这些传统节日中，人们通常会穿着传统服饰，举行传统舞蹈和音乐表演，参与各种民俗活动，展示和传承自己的传统文化。

3.文学、艺术和手工艺品

少数民族文化不仅体现在语言和习俗上，还表现在丰富多彩的文学、艺术和手工艺品中。各个少数民族都有自己的文学作品、口头传统和民间故事，通过文字和口述方式传承民族历史、传统知识和智慧。艺术作为少数民族文化的重要表现形式，体现了他们的审美观念和创造力。绘画、雕塑、剪纸、木刻、刺绣等艺术形式在少数民族群体中得到广泛的发展和应用。每个少数民族都有独特的艺术风格和表现方式，通过图案、色彩和造型，传递着民族文化的独特内涵。例如，壮族的花灯、傣族的水灯、苗族的挑花、哈尼族的刺绣等都是少数民族艺术的杰作，展示了少数民族对自然、生活和情感的感悟和表达。

手工艺品是少数民族文化的重要组成部分，承载着民族智慧和技艺的传承。少数民族以其独特的工艺技术和材料，制作出各种精美的手工艺品。例如，藏族的唐卡、苗族的银饰、侗族的蜡染、维吾尔族的地毯等。这些手工艺品以其精湛的技艺、独特的造型和丰富的文化内涵，成为少数民族文化的象征和代表。手工艺品不仅满足了人们的实用需求，更是少数民族艺术与生活的结合，体现了民族文化的独特魅力。

中国少数民族的文化特点展现了丰富多彩、多元共生的面貌。语言、习俗、传统节日、文学、艺术和手工艺品等方面体现了少数民族对自身文化的重视和传承。这些文化不仅丰富了中国的民族文化宝库，而且赋予了少数民族独特的社会地位和文化认同。在中国社会中，少数民族文化得到了广泛的尊重和保护，政府和社会各界致力于促进少数民族文化发展和传承，为少数民族提供公平的发展机会，实现民族团结和社会和谐的目标。

（二）历史传承

少数民族文化作为中国历史文化的重要组成部分，对中国传统文化有着深远的影响和独特的贡献。许多少数民族拥有悠久的历史和灿烂的文化传统。例如，壮族是中国历史较早出现的民族之一，其歌舞、民间传说等文化元素体现了丰富的历史内涵。蒙古族以其独特的游牧文化和草原民俗闻名，对中国历史的形成和演变有着重要影响。这些历史传承不仅丰富了中国的文化遗产，而且为今天的民族文化发展提供了坚实的基础。

1. 少数民族的悠久历史

中国少数民族拥有悠久的历史传承。许多少数民族可以追溯到古代的部落社会和王国时期。少数民族在历史的长河中扮演着重要的角色，为中国的文化发展和社会进步做出了贡献。

2. 少数民族对中国传统文化的影响

少数民族对中国传统文化的影响不可忽视。他们的文化特点和传统习俗为中国文化的多样性和独特性做出了重要贡献。例如，蒙古族的游牧生活方式和骑射文化成为中国历史上一道独特的风景线，影响了中国社会的经济和文化发展。

3. 少数民族的历史遗产

中国少数民族拥有丰富的历史遗产。他们保留了许多古老的传统和习俗，这些传统和习俗反映了他们的历史经验、价值观和社会组织方式。例如，彝族作为中国少数民族之一，有着丰富多彩的历史遗产。彝族的传统服饰、民居建筑、农耕文化等都是彝族历史传承的重要体现。这些历史遗产不仅具有文化价值，还为今天的少数民族文化研究和传承提供了重要的参考。

4.历史传承对当代文化的意义

历史传承对于当代少数民族文化的发展和传承具有重要意义。首先，历史传承使少数民族能够坚守自己的文化根基，保持独特性和多样性。通过继承和传承历史文化，少数民族能够保留自己的语言、习俗和传统节日，使其文化得以延续和发展。

其次，历史传承为少数民族提供了自身文化认同和文化自信的基础。历史传承让少数民族了解民族的起源和发展，认识到自己在中国历史和文化中的重要地位。这种认同感和自信心有助于少数民族在社会中维护自己的权益和地位，促进少数民族与其他民族交流与合作。

再次，历史传承为少数民族的文化产业和旅游业提供了巨大的发展机遇。许多少数民族的历史遗址、传统建筑、民间艺术和手工艺品等都具有很高的文化价值和旅游吸引力。通过保护和传承历史文化，少数民族能够开发和利用自身的文化资源，促进地方经济的发展和社会的繁荣。

最后，历史传承有助于促进各民族相互理解与尊重。通过学习和了解少数民族的历史文化，可以打破对其他民族的偏见和误解，促使各民族相互了解与和谐相处。历史传承可以促进各民族之间的文化交流与融合，推动中国社会的多元化发展与进步。

历史传承是中国少数民族文化发展的重要支撑。通过保留和传承历史文化，少数民族能够坚守自己的独特性和多样性，增强自身的文化认同和自信心，发展文化产业和旅游业，促进各民族相互理解与尊重。历史传承的重要性不仅体现在文化层面，而且对社会和经济发展产生积极影响。因此，重视历史传承，保护和传承少数民族的历史文化遗产，是维护中华民族团结和促进社会进步的重要基础。

（三）社会地位

在中国社会中，少数民族拥有平等的法律地位和权利。中国政府高度重视少数民族地区的发展，通过一系列政策和措施保障少数民族的民族权益和发展需求。政府支持少数民族地区的经济发展，改善基础设施建设，提供教育、医疗等公共服务，推动少数民族地区的社会进步。同时，政府鼓励少数民族实现文化传承和创新，促进民族文化的多元化发展。少数民族也积极参与国家的政治、经济和文化建设，在各级政府部门和社会组织中担任重要职务，发挥重要作用。

1. 法律地位和权益保障

中国法律明确规定了少数民族的权益保障措施，包括保护少数民族的风俗习惯、使用语言文字的自由，保护少数民族地区的经济发展和社会稳定，以及保护少数民族人民的合法权益。政府通过制定和实施特殊政策，确保少数民族在教育、就业、医疗、住房等方面享有平等的机会和待遇。此外，政府还加强对少数民族地区的法治建设，维护社会稳定和少数民族的合法权益。

2. 经济发展和基础设施建设

通过一系列政策和措施，促进少数民族地区的经济增长和民生改善。政府加大对少数民族地区的投资力度，加强基础设施建设，提高交通、电力、通信等基础设施水平，促进少数民族地区的产业发展和市场开放。此外，政府还积极支持少数民族地区的农牧业、旅游业、文化创意产业等特色经济发展，带动少数民族地区的就业和收入增长。

3. 教育和文化传承

中国政府注重少数民族的教育和文化传承，致力于提高少数民族地区的教育水平，实现教育公平。政府加大对少数民族地区的教育投入，建设学校、培育师资力量，提供优质的教育资源和教育机会。同时，政府鼓励少数民族实现文化传承和创新，通过设立文化艺术奖励、举办文化节庆等活动，促进少数民族文化的多元化发展。政府还支持少数民族地区语言文字的保护和推广，加强民族文化研究和保护工作。

总体来说，中国少数民族拥有丰富多样的文化特点和独特的社会地位。在中国社会发展过程中，保护和促进少数民族地区发展，维护少数民族的合法权益，加强民族团结和社会和谐，都是至关重要的任务。通过加强政策支持、促进经济发展和文化保护等方面的努力，可以进一步推动少数民族的全面发展，实现中华民族的繁荣和进步。

第二节
少数民族服饰的历史演变和文化背景

少数民族服饰的历史演变和文化背景体现了各个民族丰富多样的文化传统和独特的审美观念。随着历史的演进和社会变革，少数民族服饰经历了多个时期的变化和发展，受到民族文化、地域环境、信仰和社会风俗等多种因素的影响。

一、原始社会和奴隶社会

在原始社会和奴隶社会，少数民族的服饰主要由自然材料制成，如兽皮、兽骨、树皮、草等。这些材料来源于当地的自然环境，反映了人们与自然的紧密联系。由于气候和地理条件不同，各个民族的服饰样式也存在差异。

（一）原始社会的少数民族服饰

在原始社会，服饰材料的选择与当时的生活环境和气候条件密切相关。对于居住在北方的游牧民族来说，采用毛皮和皮革制作的服饰具有保暖性和耐用性，适应了严寒的气候和艰苦的生活条件。南方农耕民族多采用棉、麻等植物纤维制作服装，因为这些材料适应了湿润的气候和农耕生活的需求。

此外，原始社会的少数民族服饰在设计和样式上也各具特色。由于缺乏现代化的制造工具，少数民族的服饰呈现出朴素和简约的特点，注重实用性和功能性。同时，服饰上的装饰物也反映出当时的文化观念和信仰体系，如用动物骨骼或植物纤维制作的装饰品，往往具有神秘和象征意义。

（二）奴隶社会的少数民族服饰

随着社会的进步和文明的发展，少数民族服饰在奴隶社会开始呈现出更加多样化的特点。不同的少数民族根据地域、族群特色和历史背景，发展了各自独特的服饰风格。

在奴隶社会，少数民族的服饰开始与信仰和社会地位紧密相连。例如，蒙古族的传统服饰以长袍、斗篷和靴子为主，反映了其游牧民族的特点。蒙古族的服饰采用鲜明的色彩和图案，既实用又富有装饰性，同时体现了他们对草原自然环境的敬畏和崇拜。

藏族传统服饰的特点是采用鲜艳的颜色和精美的手工绣花。藏族的服饰设计精美细致，常用红、黄、蓝等鲜艳的颜色，以及各种图案和纹饰，如莲花、云纹、八宝纹等。这些图案和纹饰不仅起到装饰作用，还与信仰和文化有关。在藏族人的传统观念中，服饰是一种身份的象征，通过服饰的颜色、款式和绣花图案，人们可以辨认出不同的社会地位和族群身份。

奴隶社会的少数民族服饰还受到贵族阶层和统治者的影响。例如，在满族的传统服饰中，可以看到一些汉族服饰的影响，如袍、褂、裙等。这反映了满族与汉族的交流和融合，也展示了满族贵族阶层的社会地位和政治权力。

二、封建社会

在封建社会，少数民族服饰呈现出丰富多样的特点，与地域、族群特色以及社会地位和身份密切相关。在这个时期，社会结构严格分层，封建制度盛行，服饰是一种身份象征和社会地位的表达。

（一）封建社会的等级制度

在封建社会，社会等级制度明确，贵族阶层、农民和奴隶等不同身份群体的服饰差异明显。贵族阶层的服饰通常是富丽堂皇的，以显示其高贵的地位和社会权力。贵族的服饰经常使用昂贵的面料、珍贵的宝石和金银装饰，通过华丽的服饰展示其财富和地位。农民和奴隶等社会底层群体的服饰相对简朴，使用较为廉价的材料和简单的设计。

（二）地域和族群特色

不同地域和少数民族根据自身的地理环境、气候条件和文化传统，发展出独特的服饰风格。例如，欧洲的日耳曼民族在中世纪的服饰中常常使用毛皮、兽骨和皮革，以适应寒冷的气候和游牧生活方式。亚洲的蒙古族喜欢穿着长袍、斗篷和靴子，这与他们的游牧文化和骑马生活紧密相连。每个地区和民族的服饰都有其独特的特点和文化背景。

（三）社会风俗和礼仪

社会风俗和礼仪对少数民族服饰的发展产生了影响。在中世纪和封建社会中，社会风俗和礼仪对少数民族服饰的发展起到重要的作用。不同的社交场合和仪式要求人们穿着相应的服饰，以体现尊重和遵守社会规范。

在正式的宴会、婚礼、葬礼等场合，人们通常会选择华丽、庄重的服饰，以显示对场合的重视和尊重。贵族阶层会选择富丽堂皇的礼服，使用高质地的面料、精美的绣花和贵重的珠宝来展示其地位和财富。同时，服饰的颜色、款式和配饰等可能受到特定社会风俗和习俗的影响。比如，在某些文化中，黑色被视为葬礼中所穿着服饰的色彩，而红色则代表喜庆和吉祥。

此外，骑士文化也对服饰产生了影响。骑士们通常穿着盔甲和战袍，装备武器和盾牌，以显示其战斗能力和勇敢精神。骑士文化中的服饰注重实用性和保护性，同时也体现了尊崇荣耀和武勇的价值观。

值得注意的是，封建社会中的服饰规范和禁令依然存在。统治者常常颁布法令来规定不同阶层和身份群体的服饰，以维护社会秩序和权威。例如，对于普通人而言，穿戴贵族特有的服饰可能受到限制，以避免身份欺骗和社会混乱。这些规定也加强了服饰作为社会身份象征的功能。

总的来说，封建社会的少数民族服饰在日益丰富多彩的同时，也受到社会等级制度、地域和族群特色、信仰和仪式、社会风俗和礼仪的影响。这些因素共同塑造了服饰的形态、材料、设计和装饰，使之成为身份认同、社会地位和文化传承的重要符号。对于少数民族服饰的研究和理解，有助于我们更好地认识和尊重不同文化背景下的服饰传统，促进跨文化交流和社会多元化发展。

三、近现代和当代时期

随着社会的进步和现代化发展的影响，少数民族服饰逐渐发生变化。现代化的制造技术和材料的引入使服饰的制作更加便捷和多样化。虽然一些少数民族开始融入主流社会，采用现代时尚的服装风格，但仍保留着独具民族特色的元素。同时，少数民族的传统服饰重新得到关注和保护，被用于特定的场合和文化表演中。

在近现代和当代时期，少数民族服饰受到了历史演变和文化背景的影响，同时受到全球化、跨文化交流和社会经济发展的影响。

（一）保留传统元素的现代化制作

随着现代制造技术的进步和现代化材料的引入，少数民族服饰的制作变得更加便捷和多样化。传统的手工艺技术与现代的制作工艺相结合，使少数民族服饰在保留传统元素的同时，更加耐用、舒适和易于生产。例如，传统的刺绣、染色和编织技术可以与现代的纺织技术和制作工艺相结合，创造出更精美和多样化的服饰款式。

（二）跨文化影响和融合创新

全球化和跨文化交流使少数民族能够更广泛地接触到不同文化的服饰风格和设计理念。这种跨文化影响促使少数民族服饰发生了一定的变革和演进。少数民族开始将传统元素与现代时尚相结合，创造出独特的风格。例如，一些少数民族在服饰中融入了当代流行的图案、颜色和剪裁方式，以展示个性化和时尚感。这种融合既体现了少数民族对时尚的追求，又保留了他们的民族特色和身份认同。

（三）文化保护和重视传统

在现代社会，对少数民族传统文化的保护和重视成为一个重要的议题。许多国家和地区都制定了相关政策和法律来保护少数民族文化遗产，包括传统服饰。传统服饰被视为民族文化的重要组成部分，被用于特定的场合和文化表演中。一些少数民族群体也努力保护和传承自己的传统服饰制作技艺，以确保其传统文化得以延续。

（四）社会经济发展和生活方式的影响

社会经济发展和生活方式的变化对少数民族服饰产生了影响。随着城市化进程的加快和生活方式的变化，少数民族群体的服饰需求和审美观念发生了变化。一些传统的少数民族服饰在日常生活中逐渐被更为便捷、舒适的现代服装取代。现代社会的快节奏和多样化的工作环境也对服饰提出了新的需求，少数民族群体开始选择更为实用和多功能的服装。然而，尽管在日常生活中少数民族群体的服饰选择可能趋向于现代化，但他们仍然保留着对传统服饰的认同和尊重。

尽管现代化和全球化的影响在少数民族服饰中日益凸显，但对传统元素的保留和重视仍然较为重要。许多少数民族群体认识到传统服饰作为他们的文化身份和民族认同的象征，对其进行保护和传承。一些文化组织和政府机构致力于推动传统服饰的制作和宣传，以保持其在少数民族文化中的重要地位。

此外，少数民族服饰也在文化表演和旅游活动中得到了重视。许多地方举办传统服饰展览、时装秀和民俗节庆活动，展示少数民族独特的服饰文化。这不仅有助于传承和推广传统服饰，还为少数民族群体创造了就业机会，有利于推动当地经济发展。

总的来说，近现代和当代时期的少数民族服饰受到了历史的演变和文化背景的影响。由于受到现代化、全球化和社会经济发展的影响，少数民族服饰在保留传统元素的同时也进行了创新和融合。少数民族群体更加注重保护和传承传统服饰，同时在现代时尚的影响下，将传统元素与现代元素相结合。这样的演变不仅反映了时代的变迁和文化的多样性，而且促进了少数民族文化的传承、认同和多元发展。

第二章

部分少数民族服饰的分类和特点

第一节

蒙古族传统服饰

蒙古族是中国的少数民族之一，拥有独特而丰富多样的传统服饰文化（图2-1）。

图2-1　蒙古族传统服饰

一、基本款式的分类

（一）蒙古族男性传统服饰

1. 长袍

蒙古族男性常穿戴的传统上衣，通常由麻布或丝绸制成，宽松而舒适。长袍的领口、袖口和下摆处常有装饰性的边缘，通过色彩、纹饰和图案的搭配展示出蒙古族的民族特色。

2. 裤子

传统的蒙古族男性裤子有马裤、直筒裤等多种款式。这些裤子多为宽松的设计，便于骑马和行走。

3. 靴子

蒙古族男性常穿皮革制成的高筒靴，具有厚实耐穿的特点，可适应草原地区的气候和地形。

（二）蒙古族女性传统服饰

1. 宽袖袍

蒙古族女性常穿的传统上衣，袖子宽大、下摆呈圆形，具有独特的流线型设计。宽袖袍通常由丝绸或棉布制成，常常装饰有各种刺绣和绣花，展示出蒙古族女性的柔美和细致。

2. 裙子

蒙古族女性常穿的裙子有包腿裙和长裙等多种款式。包腿裙是蒙古族女性最具代表性的传统裙装，裙摆较宽，常常用丝绸或呢绒制成，下摆饰有花纹和边缘装饰，显示出女性的婉约和高贵。

3. 高跟靴

蒙古族女性传统服饰中常穿的靴子一般由皮革制成，靴子筒高、底部略呈弧形，便于女性在草原上行走。

二、装饰元素和特色

（一）刺绣和绣花

蒙古族传统服饰常常采用精美的刺绣和绣花工艺进行装饰。刺绣常见的图案有花卉、鸟兽、云纹等，寓意吉祥和美好。绣花常常用金线、银线和彩线进行绣制，增添服饰的华丽感和艺术价值。

（二）彩色装饰

蒙古族传统服饰注重色彩的丰富和搭配。服饰常采用红、黄、蓝等鲜艳的装饰，通过色彩的对比和组合展现出蒙古族的民族特色和生活情趣。

（三）皮革装饰

蒙古族传统服饰中常使用皮革进行装饰，如革制的领口、袖口、衣襟等部分，以及革制的细节装饰，如纽扣和纽带。皮革装饰不仅增加了服饰的质感，还展现了蒙古族人民对草原生活和马文化的热爱和崇尚。

（四）饰品和配饰

蒙古族传统服饰中常使用各种饰品和配饰进行点缀。例如，头饰是女性服饰中重要的饰品，常见的有花环、珠串、宝石等。腰带、项链、手镯、耳环等也常常用于增添服饰的华丽感，展现女性魅力。

（五）皮毛制品

由于蒙古族主要分布在草原地区，皮毛制品在传统服饰中占据重要地位。例如，皮草外套、皮草帽子、皮草披肩等常用于寒冷季节，既保暖又展现了蒙古族人民对自然的依赖和对草原生活的适应。

三、地域特色的服饰

内蒙古地区的蒙古族传统服饰常常采用深色，如黑色、棕色等。服饰上常饰有红色、黄色等鲜艳的绣花和刺绣装饰，通过对比展现出强烈的视觉效果。

居住在新疆、青海等其他地区的蒙古族人民的传统服饰受到周边民族的影响，呈现出多样化的特点。例如，服饰中常出现哈萨克族、藏族的刺绣和图案元素，形成了独特的文化交融之美。

总的来说，蒙古族传统服饰以其独特的款式、装饰和地域特色展示了蒙古族人民的生活方式、审美情趣和民族文化。通过丰富多样的刺绣、绣花、彩色装饰和皮革装饰，蒙古族传统服饰展现了华丽、高贵和富有艺术价值的特点。此外，不同地域的蒙古族传统服饰独具特色，融合了周边民族的文化元素，展示了文化的多元性。蒙古族传统服饰不仅是身份的象征，更是蒙古族人民对草原生活、自然环境和民族传统的热爱和传承。

第二节 满族传统服饰

满族传统服饰是中国少数民族服饰中的重要组成部分，具有独特的特点和文化价值。作为北方民族，满族的服饰展示了他们在寒冷气候环境下的生活方式和审美观念（图2-2）。

一、男性服饰

满族男性的传统服饰包括上衣、下装、鞋袜和配饰等。在正式场合，他们常穿着制作精良的礼服，以展现自身的尊贵和威严。

（一）上衣

满族男性常穿着直领长袍，也被称为“长褂”或“前褂”。长袍一般由精选的丝绸或棉麻面料制成，以蓝色、黑色或其他深色为主，具有宽松的设计。上衣的

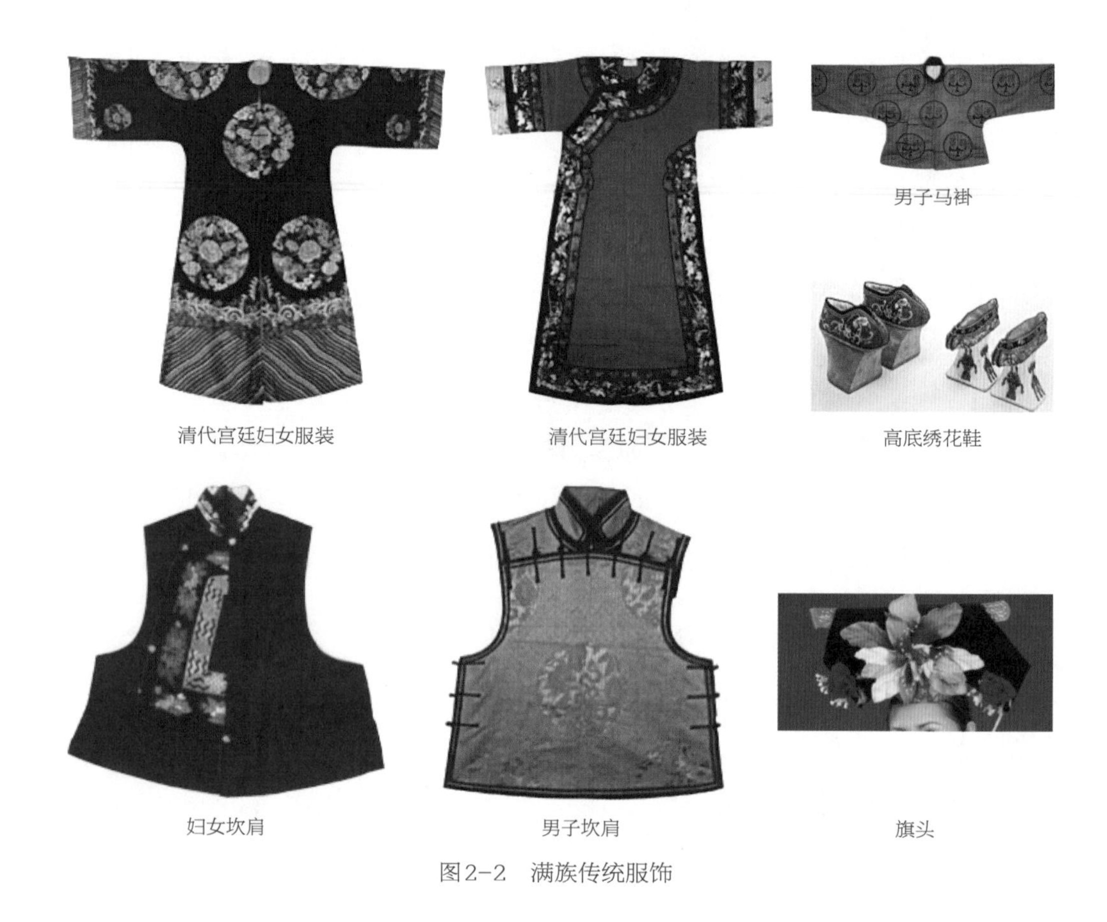

清代宫廷妇女服装　清代宫廷妇女服装　男子马褂　高底绣花鞋

妇女坎肩　男子坎肩　旗头

图2-2　满族传统服饰

领口和袖口通常用绣花或刺绣进行装饰，增添了服饰的华丽感。

（二）下装

满族男性的下装通常是宽松的裤子，被称为“马裤”或“袴子”。马裤采用舒适的面料制作，常见的颜色有黑色、蓝色等。腰头通常使用绳子或带子进行束腰，以增加服饰的稳定性和舒适度。

（三）鞋袜

满族男性的传统鞋袜主要包括绣花鞋和长筒袜。绣花鞋常由丝绸面料制成，鞋面通常绣有精美的花纹或图案，体现了满族精湛的绣花技艺。长筒袜通常是白色或黑色的。

（四）配饰

满族男性的传统配饰主要包括帽子、腰带和配饰。帽子是重要的标志性配饰，常见的有四角帽和顶帽等。腰带通常由丝绸或皮革制成，采用绣花或编织等工艺进行装饰，体现出满族服饰的精致和独特性。配饰如玉佩、银饰等也常用于点缀男性的服饰，以展示出其身份地位和审美追求。

二、女性服饰

满族女性的传统服饰注重展现女性的柔美和婉约，同时也体现了满族文化中的独特审美观念。

（一）上衣

满族女性常穿着名为“对襟”或“襦裙”的传统上衣。对襟是一种短款上衣，常由丝绸面料制成，具有宽松的袖子和丰富的装饰。上衣前襟对称开合，上有扣子或系带，使上衣更加贴合身体。对襟的颜色多样，常见的有红色、绿色、蓝色等，同时还采用刺绣、绣花、织锦等工艺进行装饰，增添服饰的华丽感。

（二）下装

满族女性的传统下装包括裙子和裤子两种。

1. 裙子

满族女性常穿着名为“马褂裙”或“对襟裙”的裙子。马褂裙是一种裙子和上衣合为一体的服装，裙子的下摆呈现出宽松的“A”字形。马褂裙一般由丝绸面料制成，多采用红色或其他鲜艳的色彩，常见的装饰元素有刺绣、绣花、织锦等，以展现女性的华美与典雅。

2. 裤子

满族女性的传统裤子称为“马裤”，与男性的裤子类似。马裤采用宽松的设计，常由丝绸或棉麻面料制成，颜色常为黑色或其他深色。裤腰部分采用带子或绳子进行束腰，以增加舒适度和稳定性。

（三）配饰

满族女性的传统服饰离不开精心搭配的配饰，这些配饰不仅增添了服饰的华丽感，还体现了满族文化中的审美理念和装饰风格。

1. 首饰

满族女性常佩戴各类首饰，如耳环、项链、手镯、戒指等。首饰常由珠宝、银饰或玉石等材料制成，形状多样，装饰丰富，常见的有珠串、吊坠、花朵等元素。

2. 鞋袜

满族女性的传统鞋袜主要包括绣花鞋和长筒袜。绣花鞋是满族女性常穿的鞋子，鞋面通常以丝绸面料制作，上面绣有精美的花纹或图案，展现出满族精湛的绣花技艺。长筒袜通常是白色或黑色的，与鞋子相搭配，使整体装束更加协调。

3. 头饰

满族女性的头饰也是重要的配饰之一，常常能够体现出地区的风格和个人的品位。常见的头饰有花环、头巾、发簪等。花环是由花朵和饰品组成的，常用于婚礼等重要场合，展现出女性的婉约和浪漫。头巾是用丝绸或棉麻等面料制作的，可以盖住头发或用于固定发髻，既实用又美观。发簪是一种用于固定发髻的饰品，通常由珠宝、玉石等材料制成，形状各异，具有装饰性和实用性。

满族传统服饰以男性服饰和女性服饰为主要分类。男性服饰注重庄重和雄壮的形象，包括直领长袍、马裤等。女性服饰注重柔美和婉约，包括对襟、马褂裙等。同时，满族服饰还注重配饰的搭配，如首饰、鞋袜、头饰等，以展现出满族文化的独特魅力。这些服饰不仅体现了满族人民的审美观念和文化传统，而且丰富了中国少数民族服饰的多样性和独特性。

第三节 壮族传统服饰

壮族是中国的主要少数民族之一，拥有丰富多样的传统服饰。壮族传统服饰反映了他们的文化传统、历史背景和地域特点（图2-3）。

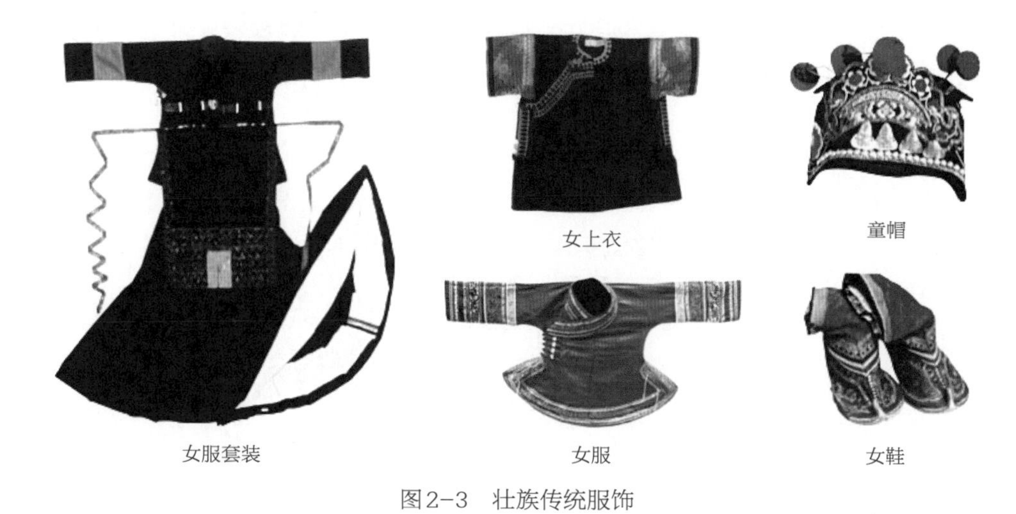

图2-3 壮族传统服饰

一、男性服饰

（一）上衣

壮族男性的传统上衣主要有褂、马褂和长袍。褂是一种短款上衣，通常由丝绸或棉麻制作，领口和袖口饰有刺绣图案。马褂是壮族男性常穿的上衣，与壮族女性的马褂相似，是一种直领、对襟的上衣，多用于日常生活和劳动，具有实用性和舒适性。长袍是一种长款上衣，通常用于正式场合和特殊活动，装饰有绣花和刺绣。

（二）下装

壮族男性的传统下装主要有长裤和短裤。裤子是壮族男性常穿的下装，通常为直筒裤，采用宽松的设计，适合从事农耕和其他体力劳动。常见的款式有长裤和短裤，长裤通常用于正式场合和寒冷季节，短裤则多用于日常生活和炎热季节。裤子的颜色多为黑色，也有装饰性的刺绣或花纹。

（三）外套

壮族男性在寒冷季节会穿着外套来保暖，常见的外套有马甲和长袍。马甲是一种无袖的上衣，穿在衣服外面，多用于日常生活和劳动，能增加保暖效果。马甲通常采用棉麻或绒布等材料制作，以黑色为主，有时会有装饰性的线刺绣或花纹。长袍是一种长款的外套，通常在特殊场合或寒冷天气时穿着。壮族男性的长袍设计简洁大方，常用丝绸面料制成，具有华丽的绣花和刺绣装饰。

（四）头饰

壮族男性的常见头饰有帽子和头巾。帽子是壮族男性的主要头饰，常见的有平顶帽和圆顶帽。平顶帽是一种扁平的帽子，通常用竹编或织布制成，舒适轻便，多用于日常生活和劳动。圆顶帽是一种圆顶的帽子，通常用绸缎或毛料制作，常用于正式场合和特殊活动。头巾是一种用布料围绕头部的饰物，常用于户外劳动和保护头部。

（五）鞋袜

壮族男性的鞋袜常采用布质或皮质材料制作。鞋子通常是尖头的，以黑色为主，具有耐磨和舒适的特点。鞋面常有刺绣或花纹装饰，鞋底常采用橡胶或皮质材料，适合行走和劳动。袜子一般是长筒袜，多用于寒冷季节，常用棉麻或丝绸面料制作，有时会有刺绣或花纹装饰。

二、女性服饰

（一）上衣

壮族女性的传统上衣主要有褂、襦和长袍。褂是一种短款上衣，通常由丝绸、棉麻等材料制成，领口和袖口饰有绣花或刺绣。襦是一种对襟上衣，常见的款式有直襦和斜襦，多采用亮丽的颜色和丰富的刺绣图案。长袍是一种长款上衣，常用于正式场合或冬季穿着，具有华丽的绣花和刺绣装饰。

（二）下装

壮族女性的传统下装主要有裙子和裤子。裙子是壮族女性的主要服饰，常见的款式有对襟裙、襦裙和褶裙等。对襟裙是一种对襟式裙子，常用丝绸面料制作，装饰有精美的刺绣和绣花。襦裙是一种与襦配套的裙子，常用于正式场合，颜色和图案与襦相呼应。褶裙是一种多褶的裙子，常用于日常生活和农作劳动。

（三）头饰

壮族女性喜爱戴各种头饰来增添服饰的美观和华丽感。常见的头饰有花冠、花钗、发簪等。花冠是一种用鲜花和丝绸做成的头环，常用于婚礼和节日等喜庆场合。花钗是一种用金属或玉石制成的饰物，常用于正式场合和重要的庆典活动。发簪是一种用于固定发髻和装饰头发的饰物，多样的款式和材质使壮族女性的发饰非常多样化。

（四）配饰

壮族女性的服饰还包括各种配饰，如腰带、项链、手镯、脚镯等。腰带是壮族女性常用的装饰品，通常由丝绸、绣花或刺绣制成，具有丰富的图案和色彩。腰带的设计多样，既可以作为装饰品，也可以调整裙子的松紧度和修饰腰部线条。项链是壮族女性的重要配饰，常见的材质包括珠子、玉石、银饰等形式多样，如串珠、吊坠等。手镯和脚镯是壮族女性常戴的饰品，常用金属、玉石、银饰等材质制成，装饰有图案或花纹，给整体服饰增添了华丽感。

第四节 苗族传统服饰

苗族是中国主要的少数民族之一，拥有丰富多样的服饰文化。苗族服饰以其独特的风格和精湛的工艺闻名于世（图2-4）。

一、男性服饰

（一）上衣

苗族男性的传统上衣有马褂。马褂是一种短款上衣，多用于日常生活和劳动。它通常采用麻布或棉布制作，舒适轻便，便于活动和劳作。马褂的特点是宽松的

男装　头饰，发辫中掺入黑毛线　百褶裙

女装（明代）　女装

男子盛装　绣花上衣和百褶短裙

图2-4　苗族传统服饰

剪裁和简洁的线条，虽然没有太多的装饰，但能展现出苗族男性的魅力和个性。

（二）下装

苗族男性的传统下装主要有长裤和短裤。长裤是苗族男性常穿的下装，通常由棉布或麻布制成，宽松舒适，适合劳动和运动。短裤则是一种较短的裤子，多用于炎热的季节或特定的活动，如田间劳作或体育竞技。苗族男性的裤子通常以黑色为主，简洁实用。

（三）外套

苗族男性在寒冷季节会穿着外套来保暖，常见的外套有披肩和马褂。披肩是一种长方形的披风式外套，多由毛织物制成，具有保暖性和装饰性，常常在领口、袖口和下摆处装饰有刺绣和镶边。马褂作为一种常见的上衣，也可以作为外套穿着，它的设计与女性款式略有不同，更注重实用性和舒适度。

（四）配饰

苗族男性的服饰配饰相对简约，常见的包括帽子、腰带和鞋子等。帽子是苗族男性重要的配饰之一，常用草编或织布制成，形状多样，如锥形、平顶等。帽子的样式和装饰常常与地区、年龄和婚姻状况相关。腰带通常是细长的布带或织带，用于束腰，凸显苗族男性的阳刚之气。鞋子多为布鞋或皮鞋，舒适耐穿，适合日常生活和劳动。

二、女性服饰

（一）上衣

苗族女性的传统上衣主要有襦、襦裙和对襟上衣。襦是一种类似于上衣的短款服装，通常由丝绸、棉布或麻布制成。襦的特点是宽松、舒适，常常装饰有精美的刺绣、织锦和蕾丝等。襦裙是苗族女性常穿的下装，与襦搭配穿着，通常是长款的裙子，也被称为“银襦裙”，因为常常在腰部和裙摆上装饰银饰品。

（二）下装

苗族女性的传统下装主要有长裙和短裙。长裙是苗族女性的标志性服装，通常由丝绸制成，具有鲜艳的色彩和精美的刺绣图案。长裙的长度通常至脚踝，裙摆宽大，流动感强，给人一种优雅而浪漫的感觉。短裙则是一种较短的裙子，多用于日常生活和劳动，常常与襦搭配穿着。

（三）外套

苗族女性在寒冷季节会穿着外套来保暖，常见的外套有披肩和马甲。披肩款式、面料、装饰与男子服饰相同。马甲是一种无袖的上衣，穿在襦上面，多用于日常生活和劳动，通常采用织锦、绣花或刺绣的技法，增加了服饰的华丽感。

（四）配饰

苗族女性的服饰配饰包括手镯、腰带、胸针等。手镯是苗族女性非常重要的饰品之一，常由银或铜制成，多层次叠戴，有时还会镶嵌宝石或珠子，展现出她们的身份和地位。腰带是苗族女性服饰的特色之一，多细长且颜色鲜艳，常用彩色丝线编制，中间通常有镶嵌的珠子或银质饰品，以增加华丽感。胸针通常用来固定襦裙或其他服饰，也是苗族女性服饰的重要组成部分，常用银或铜制成，造型精美，常带有苗族传统的纹饰和图案。

（五）鞋袜

苗族女性的鞋袜多样且独特。传统的鞋子通常为布鞋或皮鞋，鞋面常有刺绣、彩绘和织花等装饰，鞋底多为橡胶或皮质，适合步行和劳动。袜子一般是长筒袜，采用棉麻或丝绸面料制作，通常具有丰富的色彩和刺绣花纹，与长裙搭配穿着，展现出苗族女性的优雅和魅力。

苗族服饰的特点是色彩鲜艳、图案繁复，注重刺绣和绣花的装饰，体现了苗族人民的勤劳和智慧。服饰的设计和制作工艺经过长期的积累和传承，展示了苗族文化的独特风格和丰富内涵。苗族女性的服饰追求优雅、华丽和精致，同时注重实用性和舒适度。

三、特殊场合服饰

（一）节日服饰

在苗族的传统节日和庆典活动中，人们会穿着特殊的服饰以示庆祝和表达祝福。例如，在苗族的传统节日“苗年”，人们会穿上华丽的节日服装，以鲜艳的颜色和精美的装饰展示节日的喜庆氛围。这些服饰常常采用精湛的刺绣、织锦工艺和彩色布料，体现了苗族人民对节日的重视和热情。

（二）舞蹈服饰

苗族舞蹈是苗族文化的重要组成部分，而舞蹈服饰在表演中起到了至关重要的作用。苗族舞蹈服饰通常色彩鲜艳、华丽别致，配有流动的长裙和飘逸的带子，以增加舞蹈的视觉效果。同时，服饰上的刺绣、绣花和装饰物也反映了苗族人民对舞蹈的热爱和对美的追求。

（三）仪式服饰

在苗族的一些重要仪式和信仰活动中，人们会穿着特殊的仪式服饰。这些服饰通常采用庄重、肃穆的色调，以白色、黑色或其他深色为主，体现了仪式的严肃和隆重。仪式服饰常常采用精致的织锦和刺绣，以及特定的装饰品和饰物，象征着对神灵和传统信仰的敬意。

第五节 瑶族传统服饰

瑶族传统服饰是中国少数民族服饰中的瑰宝，它展现了瑶族人民对生活的热爱和对传统文化的传承。瑶族服饰独具特色，充满了浓厚的地域文化和民族风情（图2-5）。

一、男性服饰

瑶族男性的传统服饰主要包括上衣、下装和配饰等部分。瑶族男性的服饰注重实用性和舒适度，展现出瑶族人民朴素而实用的生活态度。

图2-5 瑶族传统服饰

（一）上衣

瑶族男性常穿的传统上衣主要有衣襟和襦裙。衣襟是一种类似于外套的上衣，通常由棉布或麻布制成，款式简约而舒适。瑶族男性的衣襟常常有宽松的袖子和开襟设计，便于活动和劳作。襦裙是一种较为正式的上衣，常用于特殊场合和重要仪式。它通常由丝绸制成，设计精致而华丽，常以绣花、刺绣和金线装饰，凸显瑶族男性的高贵和典雅。

（二）下装

瑶族男性的传统下装主要有长裤和短裤。长裤是瑶族男性日常生活中常穿的裤子，多由棉布或麻布制成，宽松舒适，适合劳动和户外活动。短裤是在炎热天气下常穿的裤子，通常由棉布制成，长度到膝盖上方或稍微超过膝盖。瑶族男性的短裤注重舒适度和便捷性，常以简洁的图案和明亮的色彩装饰，展现出瑶族男性活泼、开朗的性格。

（三）配饰

瑶族男性的传统服饰还包括一些配饰物品，如腰带、帽子和鞋子。腰带是瑶族男性服饰中常见的配饰，通常由布料或皮革制成，用于固定上衣和下装，同时也可以作为悬挂物品的工具。帽子在瑶族男性中也有一定的重要性，具有保护头部和遮阳的作用。瑶族男性常戴的帽子有斗笠和帽巾等。鞋子通常由布料或皮革制成，款式简单舒适，适合瑶族男性的日常活动和工作需要。

总体来说，瑶族男性服饰的特点是注重实用性、舒适度和自然材料的运用。他们追求简约而不失雅致的设计，展现了瑶族男性的朴素、实用和自然之美。

二、女性服饰

（一）上衣

瑶族女性的传统上衣主要包括襦裙、对襟褂和长衫等。襦裙是瑶族女性常穿的上衣，通常由丝绸或棉布制成。它采用对襟式的设计，前后对称，衣襟上装饰有精美的刺绣和绣花。襦裙的特点是松散舒适，采用宽袖长衫的设计，常以花卉、鸟兽、山水等图案为主题，展现了瑶族人民对大自然的热爱和赞美。

对襟褂是一种束腰式上衣，常用于特殊场合和婚礼。它通常由丝绸制成，采用对襟式的设计，衣襟上装饰有精美的刺绣、金线和珠片等，给人以华丽高贵的感觉。

长衫是一种较长的上衣，多用于日常生活和劳动。它通常由棉布或麻布制成，宽松舒适，便于活动和劳作。长衫的特点是简洁实用，常以纯色或简单的花纹装饰，体现了瑶族人民的朴实和实用主义。

（二）裙子

瑶族女性的裙子多样且富有特色，常见的有褶裙、筒裙等。

褶裙是一种由多个褶皱组成的裙子，通常由麻布制成。它的特点是简洁、实用，褶皱的设计使裙子更加宽松舒适，适合日常生活和劳动。褶裙通常以深色为主，不过也会有一些装饰，如刺绣、珠片或彩色的边缘装饰，以增添裙子的亮点。

筒裙是一种笔直的裙子，贴身而修长，通常由丝绸制成。它的特点是简约优雅，裙身贴合身形，将女性体态展现得优美动人。筒裙常常以亮丽的色彩和精美的刺绣为装饰，凸显瑶族女性的高贵和典雅。

（三）外套

瑶族女性在寒冷季节或特殊场合会穿着外套来保暖或增添装饰效果。常见的外套有披肩、斗篷和蓑衣等。

披肩是一种长方形的披风式外套，多由丝绸制成，具有保暖性和装饰性。披肩常常在领口、袖口和下摆处装饰有刺绣、珠片或金线等，增加了整体的华丽感。

斗篷是一种呈半圆形的外套，常用于特殊场合和仪式。它通常由丝绸或绒毛制成，设计简约而大气。斗篷的特点是宽松自由，适合搭配各种上衣和裙子，给人以庄重而优雅的感觉。

蓑衣是一种用于防雨的外套，多由麻布或蓑草制成。它的特点是轻便、耐用，具有良好的防水性能。蓑衣常常以自然色彩为主，没有太多的装饰，但其简约的设计和实用性特征使其成为瑶族女性日常生活中重要的服饰之一。

（四）配饰

瑶族女性的服饰配饰丰富多样，常见的包括发饰、耳环、项链、腰带、手镯和鞋子等。

发饰是瑶族女性重要的配饰之一，常常以花朵、羽毛、珠子等装饰发髻或编织的发辫，增添女性的魅力。

耳环是瑶族女性常戴的首饰，多以银或贵金属制成。耳环的设计精美，常采用瑶族传统图案和符号，如花朵、动物形象和幸运符等。耳环的大小和形状各异，有些耳环还会配以彩色宝石或珠子，展现出瑶族女性对美的追求和品位。

项链是瑶族女性的重要配饰之一，常用于突出颈部线条和装饰上身。瑶族的项链多样且富有创意，常以珠子、贝壳、金属坠饰等组合而成。有些项链还会添加特殊的符号和吉祥图案，代表着瑶族人民对美好生活的祈愿和追求。

腰带在瑶族女性的服饰中起到收束衣物、突出腰部线条的作用。瑶族女性常采用细长的腰带，多用丝绸或绒布制成，上面装饰有刺绣、珠片或彩色线条等。腰带的设计精美，常以鲜艳的颜色和精美的图案为特点，彰显瑶族女性的优雅和魅力。

手镯是瑶族女性常戴的首饰，多由金属制成，如银、铜等。手镯的形状和款式多样，有的是圆形的，有的是扁平的，通常饰有花纹。手镯常常镶嵌着宝石、珠子或彩色的玛瑙，瑶族女性戴上手镯后，手腕显得更加姣美动人。

鞋子在瑶族女性的服饰中也占有重要地位。瑶族女性常穿手工编织的草鞋或绣花鞋，这些鞋子不仅舒适耐穿，还具有浓郁的民族风情。鞋子的制作工艺精湛，常以花纹、图案和绣花装饰，展现了瑶族人民的智慧和技艺。

总的来说，瑶族女性的服饰丰富多样，从上衣、裙子、外套到配饰，每一件服饰都有着独特的特点和风格。它们不仅展现了瑶族人民对美的追求和审美观念，而且体现了他们对传统文化的传承和珍视。瑶族服饰以其精湛的手工艺和丰富的文化内涵，保留了瑶族传统的独特魅力，逐渐成为文化遗产的重要组成部分。在现代社会中，瑶族服饰不仅是瑶族女性展示自身美丽的方式，也成了各类文化活动和节日庆典的重要元素。

第六节

侗族传统服饰

侗族是中国的一个少数民族，拥有独特而丰富的服饰文化。侗族的服饰反映了他们的历史、生活方式和审美观念，具有浓厚的地域特色和民族风情（图2-6）。

一、男性服饰

侗族男性服饰是侗族文化的重要组成部分，展示了他们的身份认同、生活方式和审美观念。

芦笙舞服 女服 女子装束

刺绣 青年男女服饰

图2-6 侗族传统服饰

（一）传统上衣

1. 袍

侗族男性常穿的传统上衣之一是袍，通常由麻布或棉布制成。袍的特点是款式宽松、舒适，长度及膝盖或脚踝。袍通常采用单色或带有对比色，没有太多的装饰，展现了侗族男性朴素、实用的生活态度。

2. 褂

褂是一种类似于西装外套的上衣，常用于正式场合。侗族男性的褂常常由丝绸制成，设计精致而华丽。褂的款式多样，常以刺绣、织花和金线装饰，凸显侗族男性的高贵和典雅。

3. 衫

衫是一种短款上衣，常用于日常生活和劳动。侗族男性的衫通常由棉布制成，款式简约而实用。衫的设计注重舒适度，常以纹饰、对比色和粗线绣等装饰。

（二）传统下装

1. 裤

侗族男性常穿的传统下装之一是裤，通常由棉布或麻布制成。裤的特点是宽松舒适，适合劳动和户外活动。裤的款式通常是直筒式，长度通常到膝盖或脚踝。裤常以对比色和简单的花纹装饰。

2. 裙

裙是一种特殊的下装，常用于特殊场合和节日。侗族男性的裙通常由丝绸制成，款式独特，彰显优雅和庄重。裙常以刺绣、织花和彩色绳带等装饰，凸显瑶族男性的典雅和精致。

（三）配饰

1. 头巾

头巾是侗族男性常戴的头饰，通常由布料制成。头巾可以起到保护头部、遮阳和固定发饰的作用。常见的头巾颜色丰富多样，常以简单的绣花或彩色边缘装饰。头巾的花纹和颜色常常与服饰相搭配，展现出侗族男性的个性和时尚感。

2. 颈饰

侗族男性常戴的颈饰有项链和领巾等。项链通常由珠子、贝壳或石头等材料制成，颜色鲜艳且多样。领巾由丝绸或棉布制成，常以绣花或图案装饰，可以搭配不同的服饰，展示出侗族男性的品位和时尚感。

3. 腰带

腰带在侗族男性服饰中扮演着重要的角色。腰带通常由布料制成，长度较长，可以系在腰部并用来固定衣物。腰带常常以彩色的线绣、刺绣或编织等装饰，呈现出精美的花纹和图案，凸显侗族男性的细致工艺和审美追求。

4. 鞋袜

侗族男性常穿的鞋袜包括布鞋和袜子。布鞋是侗族男性的传统鞋履，通常由麻布或棉布制成，鞋底较厚，适合户外活动。袜子常以棉布或丝绸制成，可以搭配不同款式的鞋履。鞋袜的颜色和装饰多样，可以与服饰相协调，展示出侗族男性的整体形象和品位。

总体来说，侗族男性服饰注重舒适度和实用性，以宽松的款式为主，体现了侗族男性朴素、实际的生活态度。装饰方面，侗族男性服饰常以绣花、刺绣、织花、彩色边缘装饰等方式展现精美的花纹和图案，以细致的工艺凸显侗族男性的审美追求。配饰方面的头巾、颈饰、腰带和鞋袜等，不仅具有实用的功能，还能展现出侗族男性的个性风格和时尚意识。侗族男性服饰的多样性和独特性体现了侗族文化的丰富性和传统的延续。

二、女性服饰

侗族的女性服饰是侗族文化的重要组成部分，反映了侗族女性的身份认同、生活方式和审美观念。

（一）传统上衣

1. 长袍

长袍是侗族女性常穿的传统上衣之一，通常由丝绸或棉布制成。长袍的款式宽松、舒适，长度通常及膝盖或脚踝。侗族女性的长袍常以鲜艳的色彩和精美的刺绣装饰为特点，展示了她们的生活态度和审美追求。

2. 衫

衫是一种短款上衣，常用于日常生活和特殊场合。侗族女性的衫通常由棉布制成，款式简约而实用。衫的设计注重舒适度和灵活性，常以彩色的边饰、花纹和刺绣装饰，体现了侗族女性的精致工艺和精致品位。

（二）传统下装

1. 裙子

裙子是侗族女性传统的下装，常用于日常生活和节日庆典。侗族女性的裙子通常由丝绸制成，款式优雅而庄重。裙子的长度和宽度可以根据不同的场合和个人喜好来调整，常以织花、刺绣和彩色绳带等装饰，展示了侗族女性的美感和精致感。

2. 裤子

除了裙子，侗族女性也常穿裤子作为下装。裤子通常由棉布或麻布制成，宽松舒适，适合日常生活和劳动。裤子的款式多样，常以对比色和简单的花纹装饰，展现了侗族女性的朴素和实用。

（三）配饰

1. 头饰

侗族女性常戴各种头饰来装饰头部，其中包括发饰、发箍、发带等。这些头饰常由布料、丝绸、绣花等制成，设计精美且多样化。头饰常常以花朵、珠子、彩色丝线等装饰，展示了侗族女性的柔美和优雅。

2. 腰带

腰带是侗族女性常佩戴的配饰之一，用于固定上衣和下装，并起到装饰腰部的作用。侗族女性的腰带通常由丝绸、棉布或皮革制成，款式精美，常以绣花、彩色丝线和珠片等装饰，展现了她们的艺术品位和个人风格。

3. 首饰

侗族女性喜欢佩戴各种首饰来增添装扮的华丽感。常见的首饰包括手镯、手链和戒指等。这些首饰通常由金属、珠子、贝壳等材料制成，设计精致、花纹繁复，常以刻花、镶嵌和绣花等工艺装饰，凸显了侗族女性的独特魅力和高雅品位。

4. 脚饰

侗族女性也注重脚部的装饰，常佩戴脚链、鞋花等脚饰物品。脚链通常由银饰或珠子制成，设计精致、细腻，常以绣花、彩色丝线和珠片等装饰，为侗族女性的整体形象增添了华丽感和优美感。

侗族女性服饰以其丰富多样的款式、精美的细节和独特的装饰，展现了侗族女性的独特魅力和文化传承。这些服饰不仅是身份认同和生活方式的象征，同时也是对美的追求和审美价值的体现。侗族女性通过服饰的选择和搭配，展示了她们的个性、品位和对传统文化的热爱，为侗族文化增添了独特的色彩和魅力。

第七节

彝族传统服饰

彝族传统服饰是彝族文化的重要组成部分，反映了他们的身份认同、生活方式和审美观念（图2-7）。

图2-7　彝族传统服饰

一、男性服饰

（一）上衣

彝族男性的传统上衣包括长袍、衣襟和马褂等。

长袍是彝族男性常穿的上衣，通常由丝绸或棉布制成。它的特点是款式宽松、舒适，长及膝盖或脚踝。长袍常以单色或对比色为主，没有太多的装饰，展现了彝族男性朴素、实用的生活态度。

衣襟是一种短款上衣，类似西装的外套，常用于正式场合。彝族男性的衣襟常由丝绸或棉布制成，设计简约、精致，在领口、袖口和下摆处常有绣花或彩色的边缘装饰。

马褂是一种中式上衣，常用于婚礼或重要场合。彝族男性的马褂通常由丝绸制成，款式精致、华丽，常常以金线、珠片和刺绣等装饰，凸显出彝族男性的高贵和典雅。

（二）下装

彝族男性的传统下装包括长裤和短裤。

长裤是彝族男性日常生活中常穿的裤子，通常由棉布或麻布制成。长裤的特点是宽松、舒适，适合劳动和户外活动。常常以深色为主，没有太多的装饰，体现了彝族男性简约、实用的生活风格。

短裤是一种在热带地区常穿的裤子，通常由棉布或麻布制成。彝族男性的短裤多为宽松的直筒款式，适合在户外工作和运动。短裤常以亮丽的色彩和简单的图案装饰，展现出彝族男性活泼、开朗的性格。

（三）头饰

彝族男性常戴的传统头饰包括巾帽和头巾。

巾帽是彝族男性常用的头饰，通常由丝绸或棉布制成，款式简单、实用。巾帽常以纯色或对比色为主，没有太多的装饰，展现了彝族男性的朴素和实用主义。巾帽的形状有圆顶、尖顶和折边等多种款式，根据不同的场合和个人的喜好进行选择。

头巾是彝族男性常戴的头饰之一，通常为布料制成。头巾常用来遮阳、保护头部和固定发饰。彝族男性的头巾常以纯色或简单的花纹装饰，展现了朴实无华的生活态度。头巾的使用方式和样式因地区而异，有的彝族地区男性头巾多为方形，有的地区则为长方形或三角形。

二、女性服饰

（一）上衣

彝族女性的传统上衣主要包括襦、襕衫和背心等。

襦是一种长袍式上衣，通常由丝绸制成。它的特点是宽松、舒适，常常具有对比色的领口、袖口和下摆装饰。襦的款式多样，有直身式、腰身收褶式等，常常配以精美的刺绣和织花装饰，突显出彝族女性的优雅和精致。

襕衫是一种类似短袖衬衫的上衣，常用于日常生活和劳动。彝族女性的襕衫通常由棉布制成，设计简约而实用。襕衫常以彩色纹饰、对比色和粗线绣等装饰，展现了彝族女性的朴素美和劳动精神。

背心是一种短款上衣，常用于节日和婚礼等特殊场合。彝族女性的背心通常由丝绸制成，款式精致而华丽。背心常常以刺绣、织花和彩色绳带等装饰，突显出彝族女性的高贵和典雅。

（二）下装

彝族女性的传统下装包括裙、裤和蓑裙等。

裙是彝族女性最常穿的传统下装之一，常常由丝绸制成。裙的款式多样，有长裙、短裙、分裙等，常以花纹、刺绣和织花装饰，展现彝族女性的优雅和细腻。裙的长度和宽度因地区而异，有的裙长及脚踝，有的裙及膝盖，有的裙宽松，有的裙紧身。

裤是彝族女性常穿的下装之一，通常由棉布或麻布制成。裤的特点是宽松、舒适，适合劳动和日常生活。裤的款式多样，有直筒裤、宽腿裤和紧身裤等，常以对比色、绣花和彩色带子等装饰，展现出彝族女性的朴素和实用。

蓑裙是一种特殊的下装，常用于特殊场合和节日。蓑裙由彝族女性手工编织而成，常由竹子或葛藤等天然材料制成。蓑裙的款式多样，有长款和短款，常常配以织花、彩色带子和流苏等装饰，突显出彝族女性的独特魅力和艺术才华。

（三）配饰

彝族女性的传统服饰少不了各种精美的配饰。

头饰是彝族女性常戴的装饰物，有花环、发簪、发箍等多种款式。花环常以鲜花或人工花朵编制而成，用于节日和婚礼等场合，营造出浪漫、喜庆的氛围。发簪是一种用于固定发饰和装饰发髻的装饰品，常以金属、玉石和珍珠等材料制成，设计精致、华丽。发箍是一种用于束发和增添风格的头饰，常以彩色织带、丝绸和珠子等装饰，突显出彝族女性的美丽和优雅。

首饰是彝族女性重要的装饰品，常包括项链、耳环、手链和戒指等。项链常以珠子、玉石、贝壳和银饰等制成，展现出彝族女性对自然界的崇敬和追求。耳环常以银饰和珠子为主，款式精致、华丽，突显出彝族女性的高贵和典雅。手链和戒指常以银饰、珠子和彩色绳带等装饰，多样的款式和图案展现了彝族女性的细腻和艺术品位。

腰带是彝族女性传统服饰中重要的配饰之一，常用于束腰和装饰腰部。彝族女性的腰带通常由彩色织带和刺绣等制成，展现出丰富的图案和纹饰，突显出彝族女性的优雅和精致。

总而言之，彝族传统服饰的特点是多样、细腻、独特。男性服饰注重实用性和朴素美，而女性服饰则注重优雅、精致和华丽。彝族服饰通过细腻的刺绣、织花和彩色装饰等元素展现彝族人民的艺术才华和审美观念。这些服饰不仅体现了彝族人民的文化传统和身份认同，也是他们生活方式和审美观念的重要表达。

值得一提的是，随着时代的发展和文化的交流，现代化的影响也逐渐融入彝族传统服饰中。现代彝族服饰在保留传统元素的同时，也加入了时尚的设计和材质选择，使得彝族服饰更加多样化，更加符合当代的需求。

彝族传统服饰的独特之处在于其深厚的文化内涵和精湛的手工艺技巧。研究和保护彝族传统服饰，不仅可以更好地了解和传承彝族文化，还可以感受彝族人民对美的追求和独特的审美观念。这些服饰不仅是彝族人民身份的象征，更是彝族文化的珍贵遗产，值得我们倍加珍视和传承。

第八节

哈尼族传统服饰

哈尼族是中国的一个少数民族，拥有独特、精美的传统服饰。哈尼族传统服饰展示了哈尼族人民的文化、身份认同和审美观念（图2-8）。

女子节日盛装

青年女子服饰

少女服饰

女服

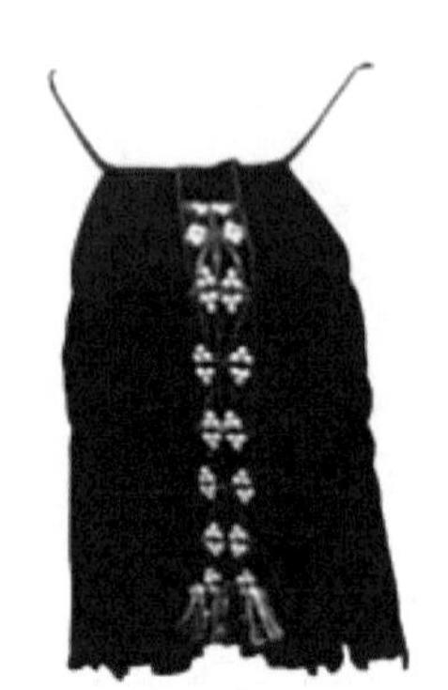

女裙

图2-8 哈尼族传统服饰

一、男性服饰

（一）上衣

哈尼族男性常穿的传统上衣是哈尼袄，通常由粗麻布制成，款式宽松、舒适。

哈尼袄的特点是领口宽大、袖口宽松，能展现男性的阳刚之气。哈尼袄的前襟通常会装饰有简洁的刺绣和彩色绳带等，体现了哈尼族男性细腻、独特的手工艺。

（二）裤子

哈尼族男性常穿的传统裤子是哈尼裤，通常由麻布制成。哈尼裤的特点是宽松、舒适，适合劳动和户外活动。哈尼裤的款式通常是直筒式，长至膝盖或脚踝。裤腰和裤腿通常会装饰有彩色绣花、刺绣和彩色边饰，展现了哈尼族男性朴实、精湛的手工艺。

（三）配饰

哈尼族男性常戴的传统配饰包括头巾和腰带。头巾通常由丝绸制成，可以起到保护头部、遮阳和固定发饰的作用。头巾常以绣花、彩色边饰和彩色绳带等装饰，体现了男性的阳刚和精致。腰带通常由布料或皮革制成，常以彩色的绣花、编织和银饰装饰，用于固定裤子和增添男性的魅力。

总而言之，哈尼族的传统服饰在设计和装饰上展现出了独特的风格和精湛的手工艺。女性服饰注重细腻、优雅，多彩的绣花、刺绣和彩色边饰，则体现了女性的柔美和细腻；而男性服饰则注重宽松、朴实，其精湛的手工艺，以及刺绣、彩色边饰和彩色绣花装饰，展现了男性的阳刚和精细。配饰如头巾和项链在衣着中起到了装饰和点缀的作用，增添了服饰的华丽和独特韵味。哈尼族传统服饰的设计和装饰体现了哈尼族人民对生活的热爱和对美的追求，同时也是哈尼族文化传承的重要一环。

二、女性服饰

（一）上衣

哈尼族女性常穿的传统上衣是白布袄，这是一种宽松的上衣，通常由白色麻布制成。白布袄的特点是领口宽大、袖口宽松，能展现女性柔美的线条。白布袄的前襟通常会装饰有绣花、刺绣和彩色绳带等，体现了哈尼族女性细腻、精湛的手工艺。

（二）裙子

哈尼长裙是哈尼族女性常穿的传统裙子，通常由丝绸制成。哈尼长裙的特点是款式优雅，长至脚踝，具有浓郁的民族特色。哈尼长裙通常以彩色的绣花、刺绣和彩色边饰等装饰，展现了哈尼族女性的优雅和细腻。

（三）配饰

头巾是哈尼族女性常戴的传统配饰，通常由丝绸制成。头巾通常绣有精美的图案和纹饰，用于装饰头发和头部，凸显女性的美丽和魅力。

项链是哈尼族女性重要的装饰品之一。哈尼族女性喜欢佩戴各种各样的项链，如珠宝项链、银饰项链等。这些项链通常由贝壳、珠子、宝石等制成，具有丰富的色彩和纹饰，能够增添女性的婀娜和魅力。

第九节 纳西族传统服饰

纳西族传统服饰是纳西族文化的重要组成部分，展示了纳西族人民的身份认同、生活方式和审美观念（图2-9）。

一、男性服饰

纳西族男性的传统服饰主要包括上衣、裤子和配饰。

（一）上衣

纳西族男性的传统上衣主要包括长袍和短褂。长袍通常由丝绸制成，款式宽松、舒适，长到膝盖或脚踝。长袍的款式简约而实用，常以对比色和简单的刺绣装饰。短褂通常由丝绸制成，款式短小精致，常以精细的刺绣和彩色边饰装饰，

图2-9 纳西族传统服饰

突出了短褂的精致和纳西族男性的品位。

（二）裤子

纳西族男性的传统裤子主要有长裤和短裤。长裤通常由棉布或麻布制成，款式宽松、舒适，适合劳动和户外活动。长裤的特点是简约实用，常以深色为主，没有太多的装饰。短裤则是在炎热季节或特定场合下穿着的裤子，通常由麻布或棉布制成，长度在膝盖以上。短裤常以亮丽的色彩和简洁的花纹装饰，体现出纳西族男性活泼开朗的性格。

（三）配饰

纳西族男性的传统配饰主要包括头饰、腰带和鞋子。头饰通常以布料和绳子等制成，常用于固定发饰和保护头部。腰带通常由布料或皮革制成，用来束腰或悬挂物品，常以纹饰和编织装饰展示纳西族男性的手工艺技巧。鞋子通常以布料和皮革制成，款式简单、舒适，适合行走和劳动。

纳西族传统服饰在款式和装饰上注重细节和手工艺的精湛，展示了纳西族人民对生活的热爱和对美的追求。服饰的色彩丰富多彩，常以亮丽的色彩和精细的刺绣、织花等装饰点缀，展现出纳西族人民豪放、细腻的性格。同时，服饰也承载着纳西族人民的文化传承和社会意义，是他们身份认同和族群归属的重要象征。

值得注意的是，随着时代的发展和文化的交流，现代纳西族人民的服饰已经出现了一定程度的变化和融合。传统服饰常常与现代元素结合，以适应现代生活和时尚需求。尽管如此，纳西族人民仍然非常重视传统服饰的保留和传承，因为这不仅是对历史和文化的尊重，也是对纳西族人员身份认同的表达和传承。

二、女性服饰

纳西族女性的传统服饰主要包括上衣、裙子和配饰。

（一）上衣

纳西族女性的传统上衣通常以宽松的袄子为主。袄子通常由丝绸制成，款式简约、优雅，常常以亮丽的色彩和精细的刺绣装饰，展现了纳西族女性的独特魅力。袄子的袖口和下摆处常常有彩色的边饰，突出了服饰的华丽和精致。

（二）裙子

纳西族女性常穿的传统裙子是束腰裙，也称为走裙。束腰裙通常由丝绸制成，款式优雅而庄重，长到脚踝。裙身常以精美的刺绣、织花和彩色边饰装饰，展现了纳西族女性细腻、独特的手工艺。

（三）配饰

纳西族女性常佩戴的传统配饰包括头饰、项链、手镯和耳环等。头饰通常以丝绸、花朵和羽毛等装饰，常常用来点缀发型和衬托面部的美丽。项链、手镯和耳环通常由贵金属、珠子、宝石等制成，常以独特的造型和精湛的工艺展示纳西族女性的高雅和品位。

第十节

傣族传统服饰

傣族是中国西南地区的一个少数民族，其传统服饰丰富多彩，独具特色。傣族传统服饰反映了傣族人民的生活方式、审美观念和文化传统（图2-10）。

官印盒

女子腰间饰物

女服1

女服2

女服3

青年女子服饰

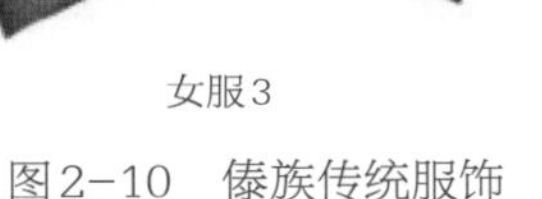

图2-10　傣族传统服饰

一、男性服饰

（一）上衣

傣族男性的传统上衣与女性服饰基本相同。

（二）裤子

傣族男性的传统裤子主要有长裤和短裤。长裤通常由棉布或麻布制成，宽松、舒适，适合劳动和户外活动。短裤是一种在热带地区常穿的裤子，通常由棉布或麻布制成，款式简单实用，适合日常生活和运动。

（三）配饰

傣族男性的传统配饰包括头饰、腰带和背带等。头饰通常是一块布料包裹头部，用于遮阳和保护头部。腰带是傣族男性的重要配饰，常以彩色绳带、布料或丝绸制成，用来束腰和装饰腰部。背带是一种特殊的配饰，通常由布料制成，用于背负物品和展示个人风格。

二、女性服饰

（一）上衣

傣族女性的传统上衣主要有襦、褙等。与男性上衣服饰形制基本相同。

（二）裙子

傣族女性的传统裙子包括长裙、短裙和包裙等。长裙通常以丝绸或棉布制成，长度及脚踝或地面，常以亮丽的花纹、刺绣和彩色边缘装饰。短裙是一种较短的裙子，常用于日常生活和劳动。包裙是傣族女性特有的裙子，通常由纺织品包裹身体，系在腰部。包裙常以丝绸或棉布制成，颜色鲜艳，常以刺绣、织花和金线装饰，展现了傣族女性的精湛手工艺和独特审美。

（三）配饰

傣族女性的传统配饰丰富多样，如头饰、项饰、首饰和腰饰等。头饰通常是以花朵、珠子、饰片等装饰的发饰，常用于节日和婚礼等特殊场合。项饰常以珠子、银饰和彩色线绳等制成，用来点缀颈部。首饰包括手镯、手链和戒指等，常以银饰、珠子和彩色线绳等制成。腰饰是傣族女性的重要配饰，常用来装饰腰部和突显腰线美。腰饰通常由银饰、彩色线绳、珠子和小挂件等组成，具有独特的图案和装饰元素。

三、特色服饰

傣族传统服饰还有一些特色服饰，展现了傣族独特的文化和民族特色。

（一）绣花布

绣花布是傣族传统服饰的重要元素之一，常用于装饰上衣、裙子和配饰。绣花布通常由棉布或丝绸制成，以精细的刺绣花纹而闻名，图案多样，包括花卉、动物和民族图案等。傣族绣花布以其精美的工艺和独特的图案吸引着人们的目光，展现了傣族人民对美的追求和独特的艺术表达。

（二）帽子

傣族传统帽子是傣族人民的重要饰品，也是区分性别和婚姻状态的象征。男性常戴的帽子有竹编帽和硬帽，而女性常戴的帽子有花篮帽和百花帽等。竹编帽是用竹片编织而成，轻便、透气，常用于日常生活和劳动。硬帽是一种装饰性较强的帽子，常用绸缎或丝绸制成，通常有鲜艳的颜色和精美的刺绣装饰。花篮帽是傣族女性常戴的特色帽子，以花篮状的结构和缤纷多彩的花朵装饰而闻名。百花帽是一种华丽的女性帽子，常用丝绸或棉布制成，以绣花、刺绣和珠片等装饰，展现了傣族女性的细腻工艺和精湛技巧。

（三）饰品

傣族人民喜欢佩戴各式各样的饰品，如项链、耳环、手镯、脚链等。这些饰品常用银饰、珠子、彩色线绳和贝壳等制成。傣族的银饰是其中的代表，常以银为主要材质，制作精良，图案丰富多样。银饰常以花卉、动物和民族纹样为设计元素，闪耀着独特的光彩，体现了傣族人民对美的追求和独特的审美观念。

（四）鞋子

傣族传统鞋子通常是手工编制的，主要有草鞋、竹编鞋和布鞋等。草鞋是傣族人民日常生活中常穿的鞋子，用草编制而成，轻便、舒适，适合长时间的步行和劳动。竹编鞋是一种特殊的鞋子，常以竹片编织而成，具有良好的透气性和舒适度。布鞋是傣族人民在冬季或特殊场合穿的鞋子，通常由布料制成，采用绣花、刺绣和彩色织花等装饰，展现了傣族人民对细节的关注和对舒适度的追求。

第十一节 藏族传统服饰

藏族传统服饰是中国少数民族服饰中具有独特风格和丰富内涵的代表之一。它不仅是藏族人民日常穿着的衣物，也是他们身份认同、文化传承和审美表达的重要载体（图2-11）。

一、上衣类

（一）藏袍

藏袍是最具代表性的藏族人民传统上衣，也是藏族传统服饰的重要组成部分。藏袍通常由丝绸或羊绒制成，款式宽大，下摆呈“A”字型。男性藏袍一般较长，女性藏袍则较短。藏袍的特点是领口宽阔，可以反折；袖口宽大，有时带有彩色

女服　男服1　女服及银质发套　女服背面　男服2　配饰1　配饰2

图2-11　藏族传统服饰

的装饰。不同地区的藏袍颜色和纹饰差异很大，常见的有红色、蓝色、黄色等，常见精美的刺绣和织花。

（二）羊毛外套

羊毛外套是藏族人民在气候寒冷时常穿的上衣。它由羊毛制成，保暖性能出色。羊毛外套通常为长袍状，前襟有扣子或拉链。在寒冷的高原地区，人们经常在外套内部垫上羊毛，以增加保暖效果。羊毛外套的颜色多为黑色、白色、棕色等自然色调，简洁、实用。

二、下装类

（一）长裤

藏族男性通常穿着长裤作为下装，常用材料包括羊毛和棉布。长裤的特点是宽松、舒适，可以满足在高原地区活动的需要。藏族男性长裤常见的颜色有黑色、蓝色、棕色等，有时还带有彩色的纹饰和刺绣装饰，展现了藏族男性朴实而又充满生机的特点。

（二）裙子

藏族女性常穿着裙子作为下装，它是藏族女性的代表性服饰之一。裙子的款式和长度各异，常见的有长裙、短裙和半裙等。裙子的颜色和纹饰具有地域特色，常见的有红色、绿色、蓝色等，常常以花纹、刺绣、边饰等方式进行装饰。裙子的材质多样，常见的有丝绸、棉布和羊毛等，每种材质都展现了不同的质感和风格。

三、外套类

（一）藏袍

除了作为上衣，藏袍也可以作为外套穿着，特别是在寒冷的冬季。藏袍外套的款式和设计与传统藏袍相似，但通常更长、更宽松，以适应在外面穿着其他衣物的需要。外套的颜色和纹饰常常与传统藏袍保持一致，展现了藏族人民对于传统文化的坚守和传承。

（二）羊毛大衣

羊毛大衣是藏族人民在严寒季节中常穿的保暖外套。高质量羊毛制成的大衣，具有出色的保暖性能。羊毛大衣通常为长款，宽松的设计可以容纳其他衣物，同时还有帽子和领口，可以抵御寒风和低温。羊毛大衣的颜色以自然色调为主，如黑色、棕色和灰色等，简约、实用。

四、头饰类

（一）赞巴

赞巴是藏族人民常佩戴的头巾，也是藏族传统服饰中重要的头饰。赞巴由细长的布料制成，可以用来包裹头部、保护耳朵和脸部。赞巴的颜色和纹饰多种多样，通常以红色、蓝色和黄色为主，常常带有刺绣和织花的装饰。赞巴的佩戴方式和样式也因地域和个人喜好而有所不同。

（二）珠宝饰品

藏族传统服饰中的珠宝饰品丰富多样，常见的有项链、手镯、耳环等。这些珠宝饰品通常由银制成，有时也会使用宝石、珊瑚等材料进行装饰。珠宝饰品的设计和图案多样，常常融入藏族文化和信仰元素，如八宝图案、“卍”字等，展现了藏族人民对于美的追求和信仰的表达。

藏族传统服饰分为上衣类、下装类、外套类和头饰类四个部分，每个部分都有其独特的特点和风格。藏族传统服饰的分类和特点体现了藏族人民对传统文化的尊重和传承。

第十二节 维吾尔族传统服饰

维吾尔族是中国众多少数民族之一，主要分布在新疆维吾尔自治区，其传统服饰独具特色，反映了该族群的历史、文化和审美观念。维吾尔族传统服饰可以分为上衣类、下装类、外套类和头饰类等四个部分，每个部分都有其独特的特点和文化内涵（图2-12）。

袷袢　男袍　女服1
女服2　小花帽

图2-12　维吾尔族传统服饰

一、上衣类

（一）卡米兹

卡米兹是维吾尔族人民常穿的上衣，类似中式的长袍。它通常由棉布、丝绸或羊毛制成，设计宽松，适应新疆地区的高温气候。卡米兹的特点是颜色丰富多彩，常见的有红色、蓝色和绿色等，同时还配以精美的刺绣和装饰，如花卉、几何图案等。卡米兹体现了维吾尔族人对舒适和自由穿着的追求，同时展示了他们对艺术和美的热爱。

（二）欧比帽

欧比帽是维吾尔族男性常佩戴的传统头饰。它由黑色绸缎制成，呈扁平圆顶，帽檐较宽。欧比帽的特点是简洁、实用，能够很好地遮挡阳光和风沙，也是维吾尔族男性身份认同和文化象征的重要元素。欧比帽的设计和制作非常精细，常常配以细腻的刺绣和金属装饰，体现了维吾尔族人民对细节的关注和追求。

二、下装类

（一）长裤

维吾尔族男性通常穿着长裤作为下装，而女性则穿着裙子。维吾尔族男性的长裤多为宽松的款式，常见的材料有棉布和丝绸。长裤的特点是色彩鲜艳，常见的有黑色、褐色和蓝色等。裤腿常常配有刺绣和织花装饰，展现了维吾尔族民间艺术的独特魅力。长裤的设计和材料选择既考虑了舒适性和实用性，又体现了维吾尔族人对美的追求和个性表达。

（二）裙子

维吾尔族女性的传统下装是裙子。裙子常采用轻薄的丝绸和纱布制成，呈现出宽松、飘逸的设计效果。维吾尔族女性的裙子常以明亮的色彩为主，如红色、黄色和粉色等，同时配以精致的刺绣和织花装饰，展示了维吾尔族女性的婀娜多姿和优雅风采。裙子的长度和款式因地区和场合而有所不同，有长裙、短裙和半裙等多种选择。

三、外套类

（一）拉文帽

拉文帽是维吾尔族男性的传统外套，常用于保暖和防风。它由厚实的绒毛或细腻的羊毛织物制成，具有长袖和开襟的设计。拉文帽的特点是颜色较暗，常见的有黑色、棕色和灰色等，同时还有精致的刺绣和边饰装饰，展示了维吾尔族人民对细节的关注及其工艺的精湛。

（二）羊毛披肩

维吾尔族女性在寒冷的冬季常穿着羊毛披肩作为外套。羊毛披肩通常由柔软、保暖的羊毛制成，呈现出方形或长方形的形状。它的特点是颜色鲜艳多样，常见的有红色、紫色和蓝色等，同时还配以刺绣、图案和边饰装饰，展现了维吾尔族女性对美的追求和个性的展示。

四、头饰类

（一）高帽

高帽是维吾尔族男性的代表性头饰。它由黑色绸缎制成，帽顶呈锥形，常有小圆饰物装饰。高帽的特点是简洁、端庄，代表着维吾尔族男性的身份和地位，同时也是其传统文化的象征。

（二）花帽

花帽是维吾尔族女性常佩戴的传统头饰。它常由细腻的花朵、羽毛和珠饰装饰制成，形状丰富多样，如圆形、锥形或扁平形等。花帽的特点是色彩鲜艳、花朵繁盛，常见的有红色、黄色和粉色等。花帽不仅是维吾尔族女性装饰的重要组成部分，也是其个性和美丽的象征。维吾尔族女性常常将花帽与其他服饰搭配使用，如裙子和披肩，使整体造型更加华丽、引人注目。

上衣类以宽松舒适的卡米兹和独特的欧比帽为代表；下装类包括宽松的长裤和飘逸的裙子；外套类以保暖实用的拉文帽和柔软的羊毛披肩为主；头饰类则有代表性的高帽和华丽的花帽。这些服饰不仅展现了维吾尔族人对舒适穿着、艺术表达和美的追求，也承载着他们的身份认同和文化传承。

第十三节

其他少数民族传统服饰

一、朝鲜族传统服饰（图2-13）

朝鲜族的传统服装包括男性的鸟嘴帽和上下两件式的衣裳，以及女性的巧克力帽、上衣和裙子。注重自然、舒适和谐的设计，常采用丝绸、棉布等轻薄材质制作。男性的服装色彩较为朴素，注重线条和形状的简洁美感；女性的服装则以鲜艳的色彩和精致的刺绣装饰为特点，展现了优雅、婀娜多姿的美感。

波罗裙是朝鲜族女性常穿的传统裙装，以其独特的设计和装饰闻名。波罗裙由上衣和裙子两部分组成，上衣常采用亮色丝绸面料，裙子则以鲜艳的色彩和精

图2-13　朝鲜族传统服饰

细的刺绣装饰为特色。波罗裙的特点是裙腰部分宽松，可以展示女性优美的体态，同时也展现了朝鲜族女性对细节和装饰的追求。

二、哈萨克族传统服饰（图2-14）

男服　女服1

女服2　女服3　青年男服

图2-14　哈萨克族传统服饰

（一）博克帽

博克帽是哈萨克族男性的传统头饰，常用柔软的羊毛制作，帽顶呈锥形，常常配有丝绸或以绸带装饰。博克帽的特点是设计简约而装饰豪华，体现了哈萨克族男性的身份和地位，同时也是其民族文化的象征。

（二）短袍

短袍是哈萨克族男性的传统上衣，常用精致的丝绸面料制作，呈现出宽松、直身的设计效果。短袍的特点是颜色鲜艳多样，常见的有红色、蓝色和绿色等，同时还配以金银丝绣、刺绣和边饰装饰，展示了哈萨克族男性的豪气和品位。

少数民族服饰的材料和制作工艺

第一节 少数民族服饰制作所用的材料

一、天然纤维材料

（一）棉布

棉布是一种常见的天然纤维材料，具有柔软、透气和吸湿性好的特点。许多少数民族服饰都采用棉布制作，如布依族的长衫和苗族的长裙等。棉布可以通过纺织工艺加工成不同的质地和厚度，适用于制作各种季节的服饰。

1.棉布的分类

（1）纯棉布

纯棉布是以棉纤维为主要原料制成的棉布，常用于制作春秋季的服饰。纯棉布柔软、舒适，透气性好，吸湿性强，能够有效调节体温，受到了广大消费者的青睐。

（2）棉麻混纺布

棉麻混纺布是将棉纤维和麻纤维混纺而成的棉布，常用于制作季节过渡时的服饰。棉麻混纺布继承了麻布和纯棉布的优点，既有麻纤维的透气性和耐热性，又有棉纤维的柔软、舒适性，具备良好的穿着体验。

2.棉布的特点

（1）透气性

棉布具有良好的透气性，可以使空气在布料与皮肤之间流通，保持身体的干爽和舒适。

（2）吸湿性

棉布具有较强的吸湿性，能够迅速吸收和释放身体的汗液，保持皮肤的干爽和舒适。

（3）舒适性

棉布柔软细腻，触感舒适，给人以温暖、亲切的感觉，适合长时间穿着。

（4）耐磨性

棉布经过适当的加工处理可以提高其耐磨性，延长服饰的使用寿命。

（5）色彩丰富

棉布可以进行各种染色和印花处理，因此在色彩上具有丰富多样的选择。

3.棉布的工艺加工

（1）织造

纺纱后的棉纱经过织造工艺，通过织布机进行编织，形成棉布的纹理和结构。

（2）染色

棉布可以进行各种染色处理，常见的染色方法包括浸染、绞纱染、印染等。通过染色，可以赋予棉布丰富的色彩，使其更具吸引力。

（3）整理

棉布在织造后需要进行整理处理，包括清洗、烫平、修剪等。整理可以使棉布更加平整、柔软，并去除织造过程中的瑕疵。

（4）刺绣和刺针

某些少数民族服饰会进行刺绣和刺针的装饰，为服饰增添独特的图案和细节。刺绣通常使用彩线在棉布上进行绣制，刺针则是运用针线穿插在棉布上形成各种纹样。

（5）缀饰

棉布服饰在制作过程中可能会加入其他材料的缀饰，如丝绸、羊毛、皮革等，用以增加服饰的华丽感和质感。

（6）剪裁和缝制

经过以上工艺处理后的棉布，会根据设计师的要求进行剪裁和缝制，制成最终的服饰。剪裁是根据人体的曲线和尺寸要求将棉布裁剪成相应的服饰部件，缝制则是使用针线将各个服饰部件拼接在一起。

通过以上的工艺加工，棉布可以变得更加美观、舒适和耐用，使其成为制作少数民族服饰的理想材料。不同工艺和技术的运用，能够赋予棉布不同的特色和风格，使每个少数民族的服饰在材质上更具独特性。同时，棉布的天然属性也符合人们对舒适、透气和环保的需求，使其成为传统和现代少数民族服饰制作不可或缺的一部分。

（二）丝绸

丝绸是一种高档的天然纤维材料，具有光泽、柔软、质感好的特点。丝绸常用于制作华丽的礼服和正装，如满族的长袍和维吾尔族的花帽等。丝绸的制作需要经过缫丝、纺织和印染等工艺，工艺复杂，所以丝绸制品多为高级定制或传统手工制作。

1. 缫丝

丝绸的制作始于蚕茧的缫丝过程。蚕茧是由蚕蛹吐丝形成的，将蚕茧浸泡在热水中，使蚕茧的胶质溶解，然后通过旋绕蚕茧上的丝线来缫丝。缫丝是丝绸制作中至关重要的一步，它决定了丝绸的质量和纤维的细度。

2. 纺织

缫丝后的丝线通过纺织工艺进行编织，形成丝绸的纹理和结构。纺织可以通过不同的织造方法和织物机械来实现，如经纬交织、提花织造等。在纺织过程中，可以调整丝线的密度和拉力，从而改变丝绸的光泽、柔软度和厚度。

3. 染色

丝绸可以进行各种染色处理，以增添丰富的色彩和图案。传统的染色方法包括手工染色和印染。手工染色是通过手工涂染或浸染的方式将颜料均匀地涂抹在丝绸上，实现丰富的色彩变化。印染则是将设计好的图案通过模板或印版印染到丝绸上，形成独特的纹理和图案。

4. 绣花和刺绣

丝绸制品常常运用绣花和刺绣的装饰，以增添华丽和精细的效果。绣花是利用丝线在丝绸上绣制各种图案和花纹，常见的绣法包括针绣、机绣和拉针绣等。刺绣则是通过刺针将丝线穿插在丝绸上，形成各种细致的纹样和图案。

5. 缀饰

在丝绸服饰制作中常常加入其他材料的缀饰，如金丝、银丝、珠子、宝石等。这些缀饰可以通过缝制、刺绣或粘贴等方式加在丝绸上，以增加服饰的华丽感和贵气感。

6. 剪裁和缝制

经过以上工艺处理后的丝绸，会根据设计师的要求进行剪裁和缝制，制成最终的服饰。剪裁是根据人体的曲线和尺寸要求进行布料的切割，确保服饰的合身度和舒适度。缝制是将剪裁好的丝绸布料进行拼接和缝合，使用不同的缝纫技术，如手工缝纫或机器缝纫，以确保服饰的牢固性和耐用性。

7. 贴衬

在丝绸服饰的制作过程中，常常会使用贴衬材料增加服饰的立体感和结构稳定性。贴衬材料通常是一种较为硬挺的纤维或棉质材料，通过与丝绸布料黏合或缝制在一起，使服饰在穿着时能够保持良好的形状和线条。

8. 配饰

在丝绸服饰的制作中，还会添加各种配饰，如纽扣、拉链、钮钉等。这些配饰不仅起到装饰的作用，还可以方便穿着，以及固定服饰的细节。

9. 其他材料

除了丝绸外，少数民族服饰的制作还会使用其他天然纤维材料，如麻布、毛织物、草编等。麻布具有凉爽、透气的特性，常用于制作夏季服饰；毛织物则具有保暖性，适用于寒冷季节的服饰；草编则常用于制作帽子、鞋子和包袋等配件。

总而言之，少数民族服饰制作所使用的材料包括天然纤维材料，其中棉布和丝绸是常见的材料。它们经过缫丝、纺织、染色、绣花和刺绣等工艺加工，同时还会加入缀饰、剪裁、缝制、贴衬和配饰等环节。这些工艺和材料的使用使得少数民族服饰具有丰富的纹样、色彩和质感，展示出民族文化的独特魅力。

（三）亚麻

亚麻是一种古老的天然纤维材料，具有凉爽、透气和吸湿性强的特点。一些少数民族，如苗族和壮族，常使用亚麻制作衣物，特别适合夏季炎热的气候条件。亚麻纤维柔韧且耐磨，制作出的服饰具有自然、质朴的特点。

1. 亚麻的特点

亚麻纤维具有多种特点，使其成为少数民族服饰制作的理想材料。首先，亚麻具有优异的透气性和吸湿性，能够迅速吸收身体的汗液并快速蒸发，保持身体的干爽和舒适。其次，亚麻纤维具有较高的强度和耐磨性，使得制作出的服饰经久耐穿。此外，亚麻纤维还具有天然的防菌性能和抗静电性能，有助于保持衣物的清洁和舒适。

2. 亚麻纺纱

在服饰制作中，亚麻纤维首先需要进行纺纱处理，将其转化为可用于织造的纱线。纺纱是将亚麻纤维进行纺织工艺加工，通过纺纱机将纤维纺成细长的纱线。纺纱可以根据需求选择不同的纺纱方式，如湿纺、干纺和半湿纺等，以获得不同质地和强度的纱线。

3. 亚麻织造

经过纺纱处理的亚麻纱线可以用于织造服饰。织造是将纱线穿过织机的经纬线，并通过交织形成织物的过程。亚麻织物常用的织造方式有平纹、斜纹、螺纹等，每种织造方式都能赋予织物不同的纹理和质感。亚麻织物通常具有明显的纤维质感和细腻的织物纹理，赋予服饰自然、朴素的风格。

4. 亚麻染色和印花

在织造完成后，亚麻织物可以进行染色和印花处理，以增添服饰的色彩和图案。亚麻纤维本身具有良好的染色性能，能够吸收染料并均匀分布，因此适合进行各种染色处理。传统的亚麻染色技术包括天然染料和化学染料两种。天然染料来自植物、动物或矿物，如蓝靛、茜草和槟榔等，可以赋予亚麻织物自然、柔和的色彩。而化学染料则具有广泛的色彩选择范围和较好的色牢度，可以实现更丰富多彩的效果。

此外，亚麻织物还可以通过印花技术添加图案和装饰。传统的亚麻印花多采用手工雕版、刷涂或刺绣等方法，使得服饰具有独特的花纹和图案。近年来，随着印花技术的发展，数字印花和蚕丝印花等新技术也被应用于亚麻服饰制作中，为服饰增添了更多的创意和个性化元素。

二、动物皮革材料

（一）羊毛

羊毛是一种常用的动物皮革材料，主要来自绵羊。羊毛具有保暖、柔软和吸湿性好的特点，适合用于制作冬季服饰，如蒙古族的皮袍和藏族的袍子等。羊毛可以通过剪切、清洗、纺织和染色等工艺加工成各种厚度和质地的面料。

1.羊毛的特点

（1）保暖性

羊毛是一种具有优异保暖性能的材料。由于其纤维结构独特，羊毛能够有效地储存空气并形成绝缘层，阻挡外界寒冷空气的侵入，同时保持身体的温暖。这使得羊毛制作的服饰成为冬季时尤其受欢迎的选择，能够为穿着者提供舒适、温暖的穿着体验。

（2）柔软性

羊毛纤维具有良好的柔软性，使得制作出的服饰触感舒适。羊毛纤维细腻、光滑，富有弹性，能够适应身体的曲线，让服饰贴合穿着者的肌肤。这种柔软性不仅增加了服饰的舒适度，还赋予了服饰自然流动的美感。

（3）吸湿性

羊毛具有良好的吸湿性能，能够迅速吸收并蒸发身体周围的湿气，保持身体干燥。羊毛纤维的表面有丰富的微小凹陷，能够吸收空气中的水分，并通过蒸发的方式将水分释放出去。这种吸湿性能使得羊毛制作的服饰在湿润的环境中能够保持干爽，不会给穿着者带来不适感。

2.羊毛在少数民族服饰中的应用

（1）皮袍

蒙古族是以畜牧业为主要经济活动的民族，蒙古族人民广泛使用羊毛制作皮袍。皮袍是一种长袍式的服装，通常由厚实的羊毛制成。羊毛的保暖性能使得皮袍成为蒙古族人在严寒冬季的主要保暖装备，能够有效地抵御寒冷天气的侵袭。

（2）袍子

在藏族服饰中，袍子是一种重要的服装，而羊毛则是常用的材料之一。袍子通常由厚实的羊毛制成，以满足高海拔地区寒冷气候的需要。羊毛的保暖性能使得袍子成为藏族人日常穿着和重要场合的标志性服饰。

藏族袍子采用纯天然的羊毛纤维，包括藏羊和高原羊的羊毛。这些羊毛经过剪切、清洗、分级和纺织等工艺处理，获得最佳的纤维质量。羊毛纤维柔软而且富有弹性，能够适应藏族人身体的曲线，为袍子增添舒适、柔软的触感。

除了保暖性能，羊毛还具有优异的吸湿性能，能够迅速吸收和排出身体的湿气。这对于高海拔地区气候干燥的情况尤为重要，因为它可以帮助保持穿着者的身体干爽和舒适。

在制作过程中，羊毛会经历多个环节的加工，包括剪切、清洗、分级、纺织和印染。剪切是将羊身上的羊毛剪下的过程，以确保取得高质量的羊毛。清洗是为了去除羊毛中的杂质和污垢。分级是将羊毛按照质量、长度和颜色进行分类，以便后续的加工。纺织是将羊毛纤维纺成线，用于制作袍子的面料。印染是对羊毛面料进行染色和印花处理，以增加服饰的装饰效果和吸引力。

值得一提的是，藏族人对于羊毛的重视程度超过了其保暖性能。在藏族传统文化中，羊毛袍子是身份和地位的象征，也蕴含着对羊和大自然的感恩之意。因此，藏族人在制作袍子时非常注重细节和手工艺，以展现他们对羊毛的尊重和对传统的传承。

（二）兽皮

部分少数民族在制作服饰时使用兽皮，如满族的貂[1]皮袍和赫哲族的鹿[2]皮衣等。兽皮具有保暖、耐磨的特点，适用于寒冷气候条件下的服饰制作。制作兽皮服饰，需要经过预制、软化和缝制等工艺，属于高级的皮革制作技艺。

1.兽皮的特点

（1）保暖性

兽皮是一种具有出色保暖性能的材料。动物皮肤在保护动物免受寒冷环境的侵害方面发挥着重要作用。兽皮的纤维结构紧密，可以有效地阻挡外界寒冷空气的渗透，同时保持身体的温暖。这使得兽皮成为制作抵御严寒气候的服饰的理想材料。

（2）耐磨性

兽皮具有出色的耐磨性，这使得其在服饰制作中具有长久的使用寿命。动物的皮肤经过自然进化和适应，拥有了耐久、抗磨损的特性。因此，使用兽皮制作的服饰可以在不同环境和条件下保持其品质和外观。

---

[1] 貂是国家重点保护动物。——出版者注

[2] 鹿是国家重点保护动物。——出版者注

2. 兽皮在少数民族服饰中的应用

（1）貂[1]皮袍

貂皮具有柔软、细腻的质地，保暖性能出色，非常适合寒冷的北方气候。满族的貂皮袍通常由多块貂皮拼接制成，经过精细的剪裁和缝制，展现出华丽的外观，是满族人民高贵的身份象征。

（2）鹿[2]皮衣

赫哲族是中国东北地区的少数民族之一，他们在服饰制作中使用鹿皮。鹿皮柔软且具有良好的保暖性能，适合于寒冷气候条件下穿着。赫哲族的鹿皮衣通常由整块鹿皮制成，经过精细的处理和缝制，展现出原始、典雅的风格。

制作兽皮服饰的工艺过程也是一个复杂而精细的过程。首先，需要将动物的皮肤剥下并去除毛发。这一过程要求技术娴熟、经验丰富，以确保兽皮的完整和质量。其次，兽皮需要软化处理，以增加柔软度和舒适度。软化可以通过使用化学药剂或物理手段，如拉伸、搓揉和打磨等，来改变兽皮的纤维结构和性质。

在兽皮软化之后，开始进行缝制工艺。这包括将兽皮的不同部分拼接在一起，形成服饰的整体结构。缝制的方式和技术因地域和族群而异，有些使用手工缝制，有些则借助缝纫机和其他工具。缝制过程中要注意每个细节，确保服饰的质量和耐用性。

在服饰制作的过程中，少数民族对于兽皮的选择和处理也与其传统文化和生活方式密切相关。兽皮在他们的传统文化中具有重要的象征意义，代表着与大自然的联系和对野生动物的尊重。因此，在使用兽皮制作服饰时，他们注重保持兽皮的天然特性和质感，同时尽可能地减少浪费和环境影响。

总而言之，兽皮作为动物皮革材料在少数民族服饰制作中扮演着重要角色。其保暖性能和耐磨性能使其成为适应寒冷气候条件的理想选择。制作兽皮服饰的工艺过程复杂且精细，要求技术娴熟和经验丰富。

[1] 貂是国家重点保护动物。——出版者注

[2] 鹿是国家重点保护动物。——出版者注

三、人工纤维材料

（一）尼龙

尼龙是一种常见的人工合成纤维材料，具有轻便、耐磨、易清洗的特点。尼龙面料常用于户外运动服饰和防水衣物，如哈萨克族的马甲和滑雪服等。尼龙面料通过纺织工艺加工而成，可根据需要进行不同的处理，如防水、透气和防风等。

1.尼龙的特点

（1）轻便、耐磨

尼龙具有轻盈的特性，使得制作出来的服饰不会给穿着者带来过多的负担。同时，尼龙纤维具有出色的耐磨性，不易磨损和破损，使服饰能够经受日常使用和户外活动的考验。

（2）易清洗

尼龙面料具有优异的清洗性能，可轻松地清洗和干燥。这使得尼龙制作的服饰易于保持清洁和卫生，并能快速恢复干燥状态，方便日常穿着和保养。

（3）防水性

尼龙面料具有出色的防水性能，能有效地抵御水分的渗透和吸湿。这使得尼龙制作的服饰在潮湿环境下能够保持干燥和舒适，适合户外活动和雨天穿着。

（4）透气性

尼龙纤维拥有良好的透气性，能够保持空气流通，减少汗水的滞留，提供舒适的穿着体验。这使得尼龙制作的服饰在炎热的气候中能够保持凉爽和干爽。

2.尼龙在少数民族服饰中的应用

（1）户外运动服饰

由于尼龙具有轻便、耐磨和防水等特点，因此在少数民族的户外运动服饰中得到了广泛的应用。例如，哈萨克族的马甲通常采用尼龙面料制作，以保护穿着者免受风雨侵袭。

（2）防水衣物

尼龙面料出色的防水性能使其成为制作防水衣物的理想选择。在雨季或水上活动中，一些少数民族如傣族和白族常常穿着尼龙制作的雨衣、雨披等，以保持身体干燥。

（3）轻便舒适服饰

尼龙纤维的轻盈特性使其成为制作轻便舒适服饰的理想选择。少数民族如彝族和布依族常使用尼龙面料制作夏季服装，如衬衫、裙子和短裤等。这些服饰舒适、轻薄，适合炎热的气候条件下的穿着。

（4）防风服饰

尼龙面料具有较好的防风性能，使其成为制作防风服饰的理想材料。例如，藏族和蒙古族等少数民族在寒冷的地区常常穿着尼龙制作的防风外套和裤子，以抵御严寒的寒风。

（5）运动装备

尼龙纤维的耐磨性能使其成为制作运动装备的首选材料。少数民族在滑雪服饰中广泛应用尼龙面料，以确保耐磨性能和保暖性能。

（6）花纹和装饰

尼龙面料可通过染色、印花和加工等方式呈现丰富多样的花纹和装饰效果。一些少数民族如傣族和苗族喜欢使用尼龙面料制作色彩鲜艳、花纹精美的传统服饰，以展示其独特的文化和艺术风格。

（7）综合利用

尼龙面料的可塑性和可加工性使其可以与其他材料结合使用。在一些少数民族的服饰中，尼龙面料常与丝绸、棉花等材料混合使用，融合不同材质的特点，创造出更个性化和多样化的服饰。

（二）聚酯纤维

聚酯纤维是一种常用的合成纤维材料，具有柔软、耐久和抗皱的特点。聚酯纤维广泛应用于各种服饰制作，如民族舞蹈服装和戏曲表演服饰等。聚酯纤维可以通过纺织和印染工艺制作出丰富多样的面料，同时还具有易保养、耐用的优点。

1.聚酯纤维的特点

（1）柔软舒适

聚酯纤维具有柔软的触感，使得制作出的服饰舒适，适合穿着。纤维细腻，触感柔和，使服饰具有良好的贴合性和舒适性。

（2）耐久耐用

聚酯纤维具有较高的强度和耐久性，不易磨损和破损。这使得聚酯纤维制作的服饰具有较长的使用寿命，能经受住日常穿着和频繁洗涤的考验。

（3）抗皱性

聚酯纤维具有良好的抗皱性能，穿着时不易产生皱褶，能够保持服饰的整洁和平整。这使得聚酯纤维制作的服饰在长时间穿着和旅行携带时能够保持良好的外观。

（4）易保养

聚酯纤维面料具有较强的耐脏性和易清洗性，一般可通过水洗或机洗来清洁。同时，聚酯纤维还具有较快的干燥速度，便于日常穿着和快速地清洗保养。

2.聚酯纤维在少数民族服饰中的应用

（1）民族舞蹈服装

聚酯纤维制作的面料常被用于制作民族舞蹈服装，如广东潮汕梨园戏的舞蹈服饰等。其柔软、舒适的特性使得舞蹈演员能够自由地舒展身体，并展现出服饰的流动和华丽效果。

（2）节日庆典服饰

聚酯纤维在少数民族的节日庆典服饰中得到了广泛的应用。例如，藏族的传统节日如藏历年、藏族新年等，人们常穿着聚酯纤维制作的盛装来参加庆典活动。聚酯纤维的耐久性和易保养性使得服饰能够经受长时间的活动和庆祝，而且可以通过清洗保持良好的外观。

（3）社交场合服饰

聚酯纤维面料在少数民族的社交场合服饰中也很常见。例如，婚礼、宴会、庆典等正式场合，一些少数民族如维吾尔族、壮族等会选择聚酯纤维制作的华丽礼服。聚酯纤维的柔软性和抗皱性使得礼服展现出高贵、优雅的外观，同时其易保养的特性也方便长时间穿着以及保持服饰的完好。

（4）民族工艺品

除了服饰，聚酯纤维材料还广泛用于制作少数民族的工艺品。例如，绣花、刺绣、挂饰等传统手工艺品中常使用聚酯纤维作为基材。聚酯纤维的柔软性和耐久性使得工艺品能够展现出精美的细节，并能被长久地保存。

总而言之，聚酯纤维作为一种人工纤维材料，在少数民族服饰制作中具有重要的应用价值。其柔软舒适、耐久、抗皱和易保养等特点使得聚酯纤维制作的服饰在舞蹈表演、戏曲演出、节日庆典、社交场合和民族工艺品等方面得到了广泛应用。通过运用聚酯纤维材料，少数民族服饰不仅展现出独特的风格和文化，同时也满足了舒适性、耐用性和美观性等多方面的需求。

（三）维纶纤维

维纶纤维是一种具有弹性和透气性的合成纤维材料，常用于制作紧身衣物和运动服饰。维纶纤维具有优秀的拉伸性能，能够提供舒适的穿着体验，同时也具备良好的吸湿排汗性能，适合活动强度较大的场合。

1. 维纶纤维的特点

（1）弹性和透气性

维纶纤维具有出色的弹性，能够在不破坏形状的情况下自由伸缩。这使得使用维纶纤维制作的服饰具有良好的贴身效果和舒适感。同时，维纶纤维还具备良好的透气性，能够让空气流通，减少汗水的滞留，保持身体干爽和舒适。

（2）吸湿排汗性能

维纶纤维具有优秀的吸湿排汗性能，能够快速吸收身体的汗水，并将其迅速蒸发释放到空气中。这使得维纶纤维制作的服饰在高强度运动和炎热的气候中能够使身体保持干爽，有效避免因湿润带来的不适感。

（3）轻盈和柔软

维纶纤维的纤维较细，使得制作的服饰轻盈、柔软。这种特性使得服饰具有良好的穿着感受，不会给穿着者带来沉重的负担，同时也增加了服饰的舒适度和灵活度。

2. 维纶纤维在少数民族服饰中的应用

（1）紧身衣物

维纶纤维常被用于制作紧身衣物，如体操服、游泳衣等。由于维纶纤维具有出色的弹性和贴身效果，能够紧密贴合身体曲线，展现优美的身形线条。这在一些舞蹈表演、体育竞技等活动中特别重要，能够提高表演者或运动员的自信和舞台效果。

（2）运动服饰

维纶纤维的弹性和透气性能使其成为制作运动服饰的理想选择。例如，在一些少数民族的传统体育项目中，如蒙古族的摔跤和哈尼族的攀岩等，需要穿着具有良好弹性和透气性能的服饰来提供运动员舒适和灵活性。维纶纤维制作的运动服饰具有优异的拉伸性能，能够适应运动员的各种动作，并提供足够的支持和保护。同时，维纶纤维的透气性能能够帮助散发体热，保持身体干燥，降低运动时的不适感，提高运动表现。

（3）舞蹈服装

维纶纤维也被广泛应用于制作舞蹈服装。舞蹈要求舞者具有优雅的动作和良好的舞台效果，而维纶纤维的轻盈、柔软和弹性能够展现出服饰的流动性和舞者的身体曲线。同时，维纶纤维的吸湿排汗能力也有助于使舞者保持舒适和干爽，提高表演的质量。

（4）戏曲表演服饰

戏曲是中国传统文化的瑰宝，少数民族也有自身独特的戏曲表演形式。维纶纤维在戏曲表演服饰中的应用主要表现出柔软、轻便和易保养等特点。维纶纤维制作的服饰能够展现出戏曲表演所需的华丽感和流动性，同时也方便了演员的穿着和保养。

维纶纤维作为一种具有弹性和透气性的人工纤维材料，在少数民族服饰制作中发挥着重要的作用。其特点包括良好的拉伸性能、吸湿排汗性能、轻盈柔软等，使其在紧身衣物、运动服饰、舞蹈服装和戏曲表演服饰等领域得到了广泛应用。这些特点不仅提供了舒适的穿着体验，还能满足不同活动场合的需求，并展现出服饰的美感和功能性。因此，维纶纤维在少数民族服饰制作中具有重要的地位和广阔的应用前景。

以上提及的材料只是少数民族服饰制作中常见的一部分，不同少数民族在不同的地域和文化背景下，可能会有自身独特的材料选择和工艺技巧。这些材料的使用不仅满足了服饰的功能需求，更展现了少数民族的审美观念、文化传承和生活方式。

第二节 少数民族服饰制作的主要工艺

一、材料准备

在服饰制作的起始阶段，准备工作非常重要。这包括选择合适的材料，如天然纤维材料、人工纤维材料或动物皮革材料等。根据服饰的设计和功能需求，选择具有适当质地、颜色和纹理的材料。同时，还需要对材料进行清洗、修剪和预处理，确保其质量和可用性。

（一）材料选择

在材料选择方面，制作人员需要考虑服饰的用途、季节、气候条件和文化背景等因素。对于天然纤维材料，如棉、丝、麻和羊毛等，需要考虑它们的柔软度、透气性、保暖性和吸湿性等特性。对于人工纤维材料，如尼龙、聚酯纤维和维纶纤维等，需要考虑它们的轻便性、耐磨性和透气性等特点。对于动物皮革材料，如羊毛和兽皮，需要考虑它们的保暖性、柔软度和耐久性等特性。

（二）清洗和修剪

在使用材料之前，制作人员需要对其进行清洗和修剪。对于天然纤维材料，如棉和麻，需要进行清洗，以去除污垢、杂质和残留物。对于羊毛和兽皮等动物皮革材料，也需要进行类似的清洗。此外，对于某些材料，如羊毛和麻，还需要进行修剪，以去除不需要的部分，并使其更加整齐、适合制作。

（三）预处理

在实际制作之前，材料可能需要进行一些预处理，以确保其质量和可用性。这包括对材料进行拉伸、烫平、染色或防水处理等。对于某些天然纤维材料，如麻和棉，可以进行拉伸处理，以增强其柔软度和耐用性。对于某些人工纤维材料，如尼龙和聚酯纤维，可以进行烫平处理，以消除褶皱和起皱现象。此外，根据设计需要，还可以对材料进行染色或防水处理，以增加其美观性和实用性。

材料准备是少数民族服饰制作过程中至关重要的一环。通过仔细选择合适的材料，进行清洗、修剪和预处理，并考虑纹理、颜色、数量和尺寸等因素，可以为后续的制作工艺打下良好的基础，并最终呈现出高质量的少数民族服饰作品。

二、剪裁和拼接

剪裁和拼接是制作服饰的基础工艺。根据服饰的设计图纸或模板，将所选材料按照所需尺寸和形状进行剪裁。剪裁过程需要精确、娴熟，以确保各个部件的尺寸和形状准确无误。然后，将剪裁好的材料进行拼接，使用适当的缝纫技术将不同部分连接在一起，形成服饰的基本结构。

（一）剪裁工艺

剪裁是将所选材料按照设计要求和尺寸进行切割的过程。这需要制作人员准确测量和标记材料，然后使用适当的工具（如剪刀、裁剪刀等）进行剪裁。剪裁的精确度对于保证服饰的尺寸和形状非常关键，因此制作人员需要具备良好的技术和经验。在剪裁过程中，还需考虑材料的纹理、弹性和特殊要求，以确保服饰的质地和外观符合设计意图。

（二）拼接工艺

拼接是将剪裁好的各个部件按照设计要求进行组合的过程。这通常涉及使用缝纫技术将不同部分连接在一起。制作人员需要根据设计图纸或模板，将相应的部件放置在正确的位置，并使用合适的缝纫线和针脚进行拼接。拼接的质量和稳固度对于服饰的耐久性和外观效果至关重要。在拼接过程中，还需要考虑线迹的均匀、缝制的牢固性、无杂质等因素，以确保服饰的整体质量。

（三）缝纫技术

缝纫技术是剪裁和拼接过程中必不可少的一部分。它涵盖了各种不同的缝纫方法和针脚，用于连接不同部件，以及处理边缘。在少数民族服饰制作中，常用的缝纫技术包括直线缝、锁边、折边、撞色等。不同的技术和针脚可以增加服饰的装饰性，同时也影响服饰的舒适度和耐用性。制作人员需要根据设计需求和材料特性选择适当的缝纫技术，以达到预期的效果。

（四）定制和个性化

剪裁和拼接工艺还为少数民族服饰的定制和个性化提供了便利。由于不同少数民族拥有各自独特的服饰风格和传统文化，制作人员可以根据客户的要求进行个性化的剪裁和拼接，以满足他们的需求。例如，根据客户的身形特点和喜好，可以对服饰进行定制剪裁，使其更好地贴合客户的身体曲线，体现其个人风格。此外，可以通过拼接不同颜色、材质或纹理的部件，增加服饰的独特性和艺术感。

三、缝制和装饰

缝制是服饰制作的核心工艺，它涉及将各个部件进行细致缝合，使服饰具有完整的形态和功能。根据不同的服饰类型和设计风格，使用不同的缝纫技术，如手工缝制、机器缝制或组合缝制等。在缝制过程中，需要注意线迹的平整度和牢固度，确保服饰的质量和耐用性。此外，还可以进行装饰工艺，如刺绣、绣花、镶边、织带等，以增加服饰的美观性和独特性。

（一）缝纫技术的选择

在缝制过程中，可以使用不同的缝纫技术，根据服饰类型、材料和设计要求进行选择。手工缝制是一种传统的工艺方式，可以通过手工针线进行缝合，精致、细腻。机器缝制则是一种高效的方式，利用缝纫机进行快速缝合，适用于大批量生产。在某些情况下，还可以采用组合缝制，即手工和机器缝制相结合，充分发挥各自的优势。

（二）缝纫线和针脚的选择

在缝制过程中，选择合适的缝纫线至关重要。常用的缝纫线包括棉线、聚酯线和尼龙线等，缝纫线的选择应根据材料的特性和使用环境来决定。针脚的选择也很重要，不同的针脚可以实现不同的效果，如直线针脚、Z字针脚、交叉针脚等，可以根据设计需求和装饰效果进行选择。

（三）线迹的平整度和牢固度

在缝制过程中，要注意线迹的平整度和牢固度。线迹的平整度是指缝纫线在布料上的平稳度和一致性，需要保持整齐、不走样。牢固度是指缝线的牢固程度，要确保缝制的部件牢固、耐用，不易脱线或开线。为了达到良好的线迹效果，缝制工艺需要娴熟的技巧和经验，包括正确的线迹调整、适当的线张力控制和合适的针脚选择。

（四）装饰工艺的运用

缝制完成后，可以进行装饰工艺的运用，以增加服饰的美观性和独特性。常见的装饰工艺包括刺绣、绣花、镶边、织带等。刺绣是通过针线在服饰上绣制花纹、图案或文字，可以展现少数民族的传统文化和艺术风格。绣花是在服饰上使用丝线或棉线进行精细的刺绣，以增加服饰的华丽度和精致感。可以使用不同的绣花技法，如平绣、针织绣、填充绣等，根据设计需求选择合适的技法。绣花可以表达特定的意义和符号，如少数民族的图腾、花鸟、神话传说等，丰富服饰的文化内涵。

镶边是在服饰的边缘部位添加织带或镶边带，以增加服饰的立体感和装饰效果。织带可以选择不同的颜色、纹理和宽度，根据服饰的风格和设计要求进行搭配。镶边的技法包括手工缝制和机器缝制，要保证镶边的平整度和牢固度。

此外，还可以运用其他装饰工艺，如贝壳、珠子、金属装饰物等。这些装饰物可以通过缝制、粘贴或编织等方式固定在服饰上，增加服饰独特的质感和视觉效果。这些装饰物的选择和运用需要考虑与服饰整体风格的协调性，并注重细节处理，使其与服饰相得益彰。

在进行缝制和装饰工艺时，需要细心、耐心和技巧，确保每一步的质量和精确度。合理运用不同的工艺技术，可以使少数民族服饰呈现出丰富多样的形式和风格，展现出少数民族文化的独特魅力和艺术价值（图3-1）。

图3-1 拉祜族拼缝女袍

四、饰品和配件

少数民族服饰常常搭配各种饰品和配件，以突出其独特风格和文化特征。饰品和配件可以是手工制作的，如珠子、羽毛、贝壳、银饰等，也可以是其他材质制作的，如丝绸花边、纽扣、皮革带等。在制作过程中，需要根据设计要求和个人喜好，将饰品和配件巧妙地融入服饰中，起到装饰和点缀的作用（图3-2、图3-3）。

图3-2 西江苗族缀银饰盛装上衣

图3-3 黎平侗族男装下摆的羽饰

（一）饰品种类

少数民族服饰的饰品种类繁多，常见的有珠子、羽毛、贝壳、银饰等。珠子是常见的饰品之一，少数民族常将珠子串成项链、手链、腰带等，通过不同的颜色、形状和编排方式，展现丰富的装饰效果。羽毛是赋予服饰独特灵动感的元素，常用于制作头饰、耳环、领饰等，体现了少数民族对自然的崇拜和对自由、美的追求。贝壳作为一种自然材料，常被用于制作项链、手镯、耳环等，代表着对海洋的向往和对神秘力量的信仰。银饰在少数民族服饰中也占有重要的地位，如苗族的银首饰、哈尼族的银质腰带等，不仅具有装饰作用，还反映了少数民族对银饰文化的重视和传承。

（二）制作工艺

少数民族饰品和配件的制作工艺多样，常见的有编织、串珠、雕刻、铸造等。编织是常用的制作工艺之一，通过手工编织纤细的材料，如丝线、棉线、草绳等，制作出各种精致的饰品。串珠是将珠子按照一定的规律串成串或编织成图案，需要精细的串珠技巧和艺术创意。雕刻常用于制作骨质或木质的饰品，艺人运用雕刻刀具将材料雕刻成各种图案和形态。铸造是将熔化的金属或合金倒入模具中，待冷却凝固后得到所需形状的工艺，常用于制作银饰等。

（三）文化意义

饰品和配件不仅仅是服饰的附属物，它们承载着少数民族的文化意义和价值观念。它们反映了少数民族对自然、宇宙、神灵和生命的理解和崇敬。饰品和配件常常以图案、符号和色彩的形式来传递特定的文化信息，展示族群的身份认同、社会地位和信仰。例如，苗族的银饰上常刻有花纹和图案，象征着丰收、繁荣和幸福。各个少数民族的饰品和配件都具有独特的文化符号和象征意义，通过穿戴这些饰品，人们向外界展示自己的身份认同、传承历史文化，并传达自己对传统文化的自豪感和尊重。

制作饰品和配件的工艺也成为传统技艺的重要组成部分，承担着历史和文化的传承重任。许多少数民族的饰品制作工艺具有悠久的历史，代代相传，并在当地形成了独特的技艺和风格。这些工艺需要经验丰富的艺人熟练掌握手工制作技术，体现了少数民族对工艺美术的重视和对传统技艺的保护。

此外，饰品和配件还扮演着社交和交流的角色。在少数民族的社区和集会中，人们常常以穿戴特定的饰品来表现身份、地位和社会关系。这些饰品既可以是族群的标志，也可以是个人的身份象征，通过它们，人们能够在社会中建立联系、展示自己的个性和价值观。

饰品和配件是少数民族服饰制作中不可或缺的元素，它们依托多样的制作工艺和丰富的文化意义，展示少数民族的独特风格、传统价值观和社会身份。饰品和配件的制作工艺以及文化意义的传承对于保护和发展少数民族的传统文化具有重要意义，也为人们提供了欣赏、学习和交流的平台。

五、定型和整理

服饰制作完成后，还需要进行定型和整理，使其保持理想的形状和外观。这一工艺包括使用蒸汽、熨斗或其他适当的工具对服饰进行烫平和整理，使其保持平整、光滑，并消除可能存在的褶皱或起皱现象。定型时需要谨慎操作，避免对材料和装饰造成损坏。

（一）准备阶段

在进行定型和整理之前，制作者需要做好准备工作，以确保整个过程顺利进行。这包括以下几个方面。

1. 清洗和处理

首先，服饰需要进行清洗，以去除制作过程中留下的污垢、油渍或其他杂质。不同的面料和装饰物需要不同的清洗方法，制作者需要根据实际情况选择适当的清洗方式。此外，对于某些面料，如丝绸或细腻的纺织品，可能需要特殊的清洗技巧和产品，以保护其质地和颜色。

2. 干燥和松弛

在清洗完成后，服饰需要彻底晾干。制作者可以将服饰挂在通风良好的地方，使其自然干燥。这样做有助于材料恢复弹性和柔软度，并为接下来的定型工艺做好准备。对于某些面料，如羊毛或维纶纤维，可能需要采用专业的干燥方法，以避免变形或缩水。

3. 准备工具和设备

制作者需要准备适当的工具和设备进行定型和整理。包括熨斗、蒸汽机、烫台、缝纫机和其他辅助工具。制作者应确保这些工具处于工作状态，如调节好熨斗的温度、填充蒸汽机的水箱等，以确保顺利操作。

（二）烫平阶段

烫平是定型和整理的重要环节。通过使用熨斗、蒸汽机或其他适当的工具，使服饰表面变得平整、光滑，并去除可能存在的褶皱或起皱现象。在烫平阶段，需要注意以下几点。

1. 材料适应性

不同的面料对于热和压力的适应性不同，因此在进行烫平之前，制作者需要了解所使用材料的特性。一些面料，如棉布、亚麻和维纶纤维等，通常可以在中等至高温下进行烫平。而对于某些敏感或特殊材料，如丝绸、羊毛和皮革等，可能需要更低的温度和更小的压力，以防止损坏或变形。

2. 熨烫技巧

制作者需要掌握正确的熨烫技巧，以达到最佳的效果。例如，对于平整的表面，可以直接将熨斗放在面料上滑动；而对于有褶皱或起皱的部分，可以使用熨斗的蒸汽功能或加压来消除这些瑕疵。在操作过程中，制作者需要掌握好熨烫时间和力度，避免过度加热或施加过大的压力，导致面料受损。

3. 注意细节

在烫平过程中，制作者需要特别关注服饰的细节部分，如褶饰、褶皱和装饰物。这些部分可能需要特殊处理，例如使用小号熨斗头或专门的烫平垫，以确保能够细致地烫平和整理。此外，对于一些装饰物，如刺绣、绣花和织带，制作者需要小心处理，避免在烫平过程中对其造成损坏。

（三）整理阶段

整理阶段是对服饰进行最后的修饰和调整，使其呈现出完美的外观和质感。

在这个阶段，制作者需要注意以下几点。

1. 检查和修复

制作者应对服饰仔细检查，确保没有残缺、褶皱或其他不符合要求的地方。如果发现任何问题，如缝线松动、装饰物脱落等，需要及时修复。可能包括重新缝制、重新固定装饰物或进行其他修补工艺。

2. 整理装饰

一些服饰可能需要在整理阶段进行最后的装饰。包括添加饰品、织带、纽扣或其他装饰物，以增添服饰的美感和独特性。制作者可以根据设计要求和个人创意，将这些装饰物巧妙融入服饰中，创造出独特的风格和个性。装饰物的选择应与服饰的风格和文化背景相协调，以达到和谐统一的效果。

3. 整理摆放

在整理阶段，制作者需要将服饰摆放整齐，使其展现出最佳的外观。包括整理衣领、袖口、下摆和裙摆等部位，确保其平整、饱满且无褶皱。此外，对于某些特殊款式的服饰，如传统礼服或长袍，可能需要使用衣架或衣撑进行整理，以保持其形状和廓型。

4. 最后的修饰

最后，制作者可以进行一些细微的修饰，以提升服饰的整体效果。可能包括修整线头、调整纽扣或扣子的位置、检查缝线的牢固度等。制作者还可以运用创意和技巧，添加一些细致的手工细节，如刺绣图案、绣花图案或特殊的装饰细节，使服饰更具独特性和精致感。

通过定型和整理工艺，少数民族服饰得以展现其独特的风格和文化特征。制作者在这个阶段需要具备细致的观察力、耐心和娴熟的技术，以确保服饰达到预期效果。定型和整理的工艺不仅是对服饰最后的修饰，更是对传统文化和手工艺的传承和展示，为少数民族服饰赋予独特的魅力和价值。

六、案例分析

一件服饰的制作少不了绘制图案、衣料漂染以及图案刺绣等，而白裤瑶服饰之所以特别，主要是其对于独特的粘膏画的制作手艺，以蜡染的方式处理蚕丝布，最后其刺绣工艺更让人叹为观止。

（一）制纱织布

中国纺织技术起源于原始社会，在汉代时中国被称为丝国。西汉时期，中国已经开始向西方输送蚕丝了。人类在渔猎后就掌握了搓绳子的技术，这是中国发展纺纱的开始。人们在最开始的时候，使用草叶或者兽皮抵挡寒冷、遮蔽身体。这就逐渐演化出了编、剪、缝等技术。到了旧石器时代后期，已经研制出了纺轮。随着时间推移到18世纪末期，省时省力的纺织机器出现，对于纺织的技术也缓慢地朝着机器化发展。与此同时，棉花已经逐渐被麻、葛等材料所代替。同一时期，中国少数民族也研制出了纺织技术。据史书记载，在秦汉时期，居住在长江中下游的瑶族就已经在使用树皮进行纺织了。发展到清朝时期，白裤瑶已经形成自己独具特色的民族服饰。纺车、轧棉机、跑纱架、绞纱机、打棉枪、织布机等工具，成为其制衣常用的工具。

白裤瑶想要进行纺织技术，就必须要种植棉花。这个过程就相对比较艰辛，采集棉花过后，纺纱织布也是白裤瑶服饰制作的重要步骤。

1. 轧棉

每年的年末都是采集棉花的好日子，轧棉主要是把棉籽与棉花分离，以便于用棉花抽线，通过轧棉机对棉花进行处理，要想得到可用的棉纤维，就得去掉里面不需要的棉籽。

2. 弹棉

俗语称为“打棉花”，“弹”是将棉絮松开的意思，是棉花加工第二道重要工序。通常是男子参与，主要目的是得到更松软的棉花。白裤瑶的弹弓也是用竹子制作的，长度在三尺左右。敲击时由于振幅大、强劲有力，每日可弹棉六到八斤，弹出的棉花既松散又洁净。而现在主要工具则是弹棉机。

3. 搓棉

简而言之，就是把棉花搓成合适的大小，或用半米长左右的竹扦手工卷成棉条，才可拿来纺纱，一般在年末进行这道工序。主要是为后面捻线做准备。

4. 捻线

字面上的意思就是把棉花捻成线，这一工序对后面织品的质量极为重要。

5.煮纱

煮纱一般有两种方式，一是用山药煮纱，二是用草木灰煮纱。通常在每年的年初、年末进行，煮纱的方法大都一样。第一种用山药煮纱，是把山药去皮捶烂，放在水中，待完全煮沸后，往锅中加入牛油和蜂糖，让棉线更光滑，便于织布。

6.绞线

此工序的目的主要是把手里的匝线变成锭线。绞线时，将匝线固定在机器一头，另一头将轮子与旁边的匝线团连接，右手顺时针摇动手柄，依靠轮子的转动，带动竹管转动，使匝线团的纱线缠绕到竹管上，形成锭线，同时左手用布或者直接用手捋线。

7.跑纱

跑纱的前提是找一个空旷的场地，在织布架卷上纱锭上的线卷，再将其弄到织布机上，这道工序通常也在年末进行。把加工后的纱线变成可用的布匹称为织布。

（二）二次靛染

1.染料的选择

染色的材料包括两种：一种是从古至今就使用的植物类染料蓝靛草。单独使用这种植物时，不能染出蓝色，当其经过特殊处理，例如，发酵、氧化还原等才可。在古时候，染衣时需要大量的这种植物，但是由于其种植过程烦琐，且存量少，制衣妇女大都去外地人那购买这些蓝靛染料。另一种则是鸡血藤，因其汁液类似鸡的鲜血而得名。白裤瑶妇女通常在山中采集鸡血藤。在染色过程中，先用蓝靛染料再使用鸡血藤，可以染出藏青色。

2.防染剂的制作

粘膏树（图3-4）是存在于白裤瑶等地区的一种树木，凿取此树就可以得到粘膏汁液。其树脂可以用来当防染剂，是防染的重要原材料。

图3-4　粘膏树

以粘膏汁液为材料，在衣服上初步画出图案，即为“粘膏画”。其精髓在于绘制的材料——粘膏汁液。粘膏树属于椿科。这种树通常种在白裤瑶人旁边或山上，形状特别，呈瓶状。对其汁液的采集时间十分讲究。受季节的影响，粘膏液的采集通常在秋冬后期，夏天温度高，黏液易化不方便保存。另外，在每年的三到四月采集者需要提前用刀砍凿粘膏树，大都在树的中部。砍凿后，树干会慢慢地形成小孔。在此之后大约半个多月的时间，就会流出一些黄色液体。可以使用较小的工具进行采集，粘膏汁液凝固后就会变成胶状物质，后续处理掉一些可见的杂质后即可提炼粘膏。提炼时，需要在收集的黄色汁液中加入调和剂——水牛油，同时加入适量的水。隔水加热两到三小时，小火慢煮，煮到液体沸腾且无明显气泡即可，冷却后会变成黑蓝色固体，手感很像面团，在绘制时加温溶解即可（图3-5）。

图3-5 粘膏

3.以刀代笔绘美图

白裤瑶服饰常常在女性背牌、裙子、男子上衣尾部、小孩的背带等位置进行绘画。绘制的工具有竹条、刀具（图3-6）等。不同要求内容选取的工具数量也不同，例如，对于百褶裙的绘制需要4把刀，2把大刀画大的直线，使线条更加粗，其余2把小刀就用来绘制小图案，得到的线条较细。稻草、竹条等可以作为辅助的小工具，也可以根据其不同的要求准备不同的数量。通常我们制作的粘膏具有比较深的颜色，把布料蜡染好后，就以粘膏汁液作颜料，绘制粗膏画，染完后需要进行脱膏，故而，需将碱水、粘膏画布一起入锅，小火慢煮，除掉画上的粘膏，脱膏后即可将其放入染缸浸泡上色。

图3-6 作画刀具

4.第一次蓝靛染

一般在初秋时，也就是我们说的秋老虎季节，天气不冷不热，这就到了白裤瑶族蓝靛染的时候了。蓝靛染最重要的一步就是制作染料，这决定着第一次蓝靛染的成功与否。将清水与蓝靛膏进行混合，再加入少量米酒，在大缸中搅拌均匀，染料便制成了。下一步就是染布，将绘制好图案的布料放进染缸中，静待两三个小时取出来晾着，半湿半干时再将其放进染缸中反复染，一天重复四五次，直到布料变成自己想要的蓝黑色，第一次蓝靛染就可以告一段落了（图3-7）。

图3-7　染缸

5. 脱膏

脱膏是指将之前粘在布料上的粘膏取下来，这个过程叫作脱膏。但是普通的水洗是不能将粘膏洗掉的，只能用特殊的材料，也就是稻草灰。将稻草灰泡在水中，经过时间的沉淀过滤出碱水，再把需要脱膏的布料和碱水一起放在锅中煮，一定要小火慢煮，一段时间后，粘膏就会自然脱落，这样就会显现出之前绘制上去的图案。

6. 第二次靛染

脱膏后的布料是深蓝色的背景与白色的图案相结合，服饰的图案造型已经初步形成了，但是白裤瑶族通常会进行第二次蓝靛染，将白色的图案染成淡蓝色，以追求颜色的统一、和谐，所以第二次染色的时间就要把握好。一定比第一次的时间有所减少，一次成型，不需要反复染色。最后，将完成的布料取出，洗净浮在上面的染料，再将其晾干就可以了。

7. 固色

固色也是服饰制作不可或缺的重要环节，妇女们希望自己辛苦染好的衣服颜色牢固些，就选取了天然的固色剂——蕨根水。而单独的蕨根水还不足以让颜色保持的时间更加长久，还需要在其中加上野淮山的汁水，将野淮山去皮滤汁，加入其中，就能达到固色和定形的效果，也为下一步的刺绣和缝制打好基础。

（三）挑绣衣纹

刺绣是服饰制作过程中相对较难的环节。女孩子通常在5岁左右开始学习，一两年就可以学会大多数的几何图案绣法。服饰制作工序都是比较烦琐的，女子通常只有农闲时才能断断续续地进行，一件衣服的制作，往往需要几个月，时间长的甚至可达一年。白裤瑶服饰的刺绣纹样是其独有的民族标志。其纹样多样且多是抽象、简练的，常见的如剪刀花、米字纹、五指印、回形纹、“卍”纹、竹筒花等。简单挑选几个纹样概括描述其特点如下。

1.鸡仔花

用橙色或白色的丝线，绣在男子衣服腰带、下摆、绑腿和女子的背牌等位置。这个图案的原型是鸡，包括鸡头、鸡身、鸡尾三个部分。长方形，左右对称，通过几个像“花形”的方块构成，将丝线从中心处往外围发散（图3-8）。

2.竹筒花

呈现规则的方形点状，以对角线交叉的方式，十字形成竹竿，竿上均匀排列着细致的短线形类竹节，上面形成的十字花瓣则处于竹竿顶部。这类刺绣的纹样一般分布在女衣背牌上，在瑶王印中出现的多（图3-9）。

3.米字纹

常位于男、女装上衣后面的下摆、男衣的腰带、绑腿处，形状类似蜘蛛，也称为蜘蛛纹。多选用黑橙、黑白颜色的丝线来绣。在男、女装后面尾部，各自包括几个这样的，以鸡仔花隔开相邻的刺绣（图3-10）。

图3-8　鸡仔花

图3-9　竹筒花

图3-10　米字纹

在白裤瑶刺绣中，无论绣什么图案，刺绣图案的绣线数量都是双数。在刺绣过程中，刺绣的针脚也要保持双数，不能因为图案好不好看而出现单数的针脚。走访当地时，村民说：“刺绣的线是双数比较吉利，可以保佑穿着这件衣服的人。”这种思想体现了刺绣人在制作衣服时所包含的，对所穿衣服的家人深沉的感情，把沉甸甸的感情通过一针一线缝进衣服中，表达着最真挚、美好的祝愿。

（四）制作成衣

白裤瑶族妇女将染色、刺绣都结束的布料按照传统方式缝制在一起，做成了一套具有民族特色的白裤瑶族服饰。相对于现代服饰，白裤瑶族服饰结构相对来说简单一些。因为白裤瑶族崇拜自然，生活习俗也以方便、简洁为主，所以缝制成衣这一步是整套服饰制作中最为简单的一环。

（五）蜡染花裙

百褶裙是白裤瑶族妇女服饰重要组成部分，其制作过程也是极具代表作用的，下面就介绍一下百褶裙的制作流程。

1. 绘制

先将百褶裙所需的布料准备好，准备好磨布需要的长条形木板，将粘膏涂抹在木板上，再把棉布铺在已经涂有粘膏的木板上，并用磨木棒把需要绘制的裙摆磨平，粘在木板上。

将粘膏在锅中溶解，用液体粘膏进行绘画，火候的大小影响着粘膏的颜色，火候越大粘膏的颜色越深。裙摆处有几条环形图案，用煮好的膏汁绘制出来后，最终还要脱膏。

用画刀将粘膏汁画在百褶裙摆处，一般画刀是需要加热的，为了绘画速度，尺寸也是不一样的，一般绘制百褶裙需要两把画刀，大小交替着画。

2. 染色

将绘制好图案的布料放进染缸中，静待两三个小时取出来晾着，半湿半干的时候再将其放进染缸中反复染，四五次后，百褶裙就会变成蓝色，这样就可以结束染色了。通常百褶裙都是浅蓝色打底，再绣上深色花纹，所以染色不需要太重，淡蓝色即可。

3. 绣制

白裤瑶刺绣的基本针法比较简单，主要是以布料的经纬线为参考，在画好粘膏画并且已经经过靛染的裙子上，横、竖都沿着布料的经纬纱线来刺绣，用自己的手掌作为刺绣图案长度和大小的计量单位。这些刺绣图案的主要针法分为：挑绣和戳纱绣。几条环状图案一般用回形纹，儿童出生后的第一条裙子，刺绣图案则是网状（图3-11、图3-12）。

图3-11 儿童百褶裙

图3-12 成人百褶裙图案

第四章 少数民族服饰的刺绣手工艺

第一节
刺绣工艺在少数民族服饰中的应用

一、服装图案装饰

刺绣被广泛用于少数民族传统服装的图案装饰。通过在衣物的领口、袖口、下摆和衣襟等部位绣制精美的图案，使服饰更加华丽和独特。不同民族的传统服装中常见的刺绣图案包括各种动植物、几何图形、象征性符号等，这些图案展示了民族的文化和价值观念。

（一）动植物图案装饰

1. 动物图案

许多少数民族将动物视为重要的图案元素，将其融入服装刺绣中，以表达其对自然界的崇敬和赞美（图4-1）。不同地区的少数民族在刺绣中选择不同的动物图案，如满族的麒麟纹、苗族的鸟纹、哈尼族的蛇纹等。这些图案以细致入微的线迹和色彩，展现出动物的形态美和寓意。

图4-1　苗族刺绣鸟纹袖片

2. 植物图案

植物图案在少数民族服装刺绣中也占据着重要地位（图4-2）。少数民族常以当地特有的植物为刺绣图案的灵感来源，如蒙古族的马鞍花纹、壮族的荔枝花纹、藏族的雪莲花纹等。这些植物图案通过繁复的刺绣工艺和丰富的色彩，展示出自然界中植物的生命力和美丽。

（二）几何图案装饰

1. 几何图案

图4-2 蒙古族纳绣绣花布靴

几何图案是少数民族刺绣中常见且重要的图案元素之一（图4-3）。刺绣工艺通过精心排列的几何图案，呈现出一种严谨和谐的美感。不同民族的几何图案具有独特的特点，如布依族的尖角形图案、彝族的方格和菱形图案、傣族的波浪和交叉图案等。几何图案的应用使服装更具有装饰性和视觉效果。

图4-3 朝鲜族女装

2. 细节处理

几何图案装饰中的细节处理至关重要。刺绣工艺的高超技巧在细致处理图案线条、填充色彩和边缘细节方面得到体现。通过不同的刺绣针法和不同绣线颜色的运用，可以更加精确地表达出细节，使图案更加丰富和立体。

（三）象征性符号装饰

1. 文化象征

刺绣图案中常常运用一些象征性符号来表达特定的文化意义。这些符号可能与信仰、民族传统或祈福祝福有关。例如，藏族刺绣中常见的八吉祥符号，包括宝相花、金刚杵、金轮等，代表着幸福、吉祥和祝福。而维吾尔族的刺绣则经常使用阿拉伯字母和古代维吾尔族的文字，表达对伊斯兰教的信仰和其文化传统。

2.社会地位与身份认同

刺绣图案也可以反映出少数民族社会地位，也是其身份认同的象征。在一些少数民族中，特定的刺绣图案被视为身份的象征，只有特定的阶层或群体有权佩戴。例如，中国壮族女子的刺绣图案有明确的规定，不同的图案和纹样代表着不同的婚姻状况和社会地位。

二、仪式和庆典服饰

在少数民族的重要仪式和庆典活动中，刺绣工艺在服饰中扮演着重要的角色。例如，婚礼、节日和重要信仰仪式等场合，人们常常穿着经过精心刺绣的礼服和仪式服饰。这些服饰通过独特的刺绣图案和技艺，彰显仪式的庄重和特殊意义。

（一）婚礼仪式服饰

1.新娘和新郎服饰

在朝鲜族婚礼仪式中，新娘和新郎的服饰经常通过刺绣工艺来展示仪式的庄重和美丽。新娘的婚纱通常以精美的刺绣花纹装饰，如精致的花朵、叶子、蝴蝶等图案，代表着爱情、幸福和美好的祝愿（图4-4）。而新郎的服饰则常常采用线条简洁的刺绣图案，以展现出男性的稳重和庄重。

图4-4　朝鲜族女子婚礼服

2.婚庆服饰配饰

除了新娘和新郎服饰外，婚礼仪式中的其他服饰和配饰也经常运用刺绣工艺。例如，新娘的头饰、腰带、手套等配饰，以及新郎的领结、领带等装饰物，都可能采用精美的刺绣图案进行装饰，以凸显仪式的隆重和特殊性。

（二）节日庆典服饰

1.春节服饰

在中国的春节庆典中，少数民族常常穿着经过精心刺绣的传统服饰参与庆祝活动。不同民族的春节服饰图案和风格各具特色，如彝族的彝锦、傣族的傣绣、蒙古族的蒙古族刺绣等。这些服饰通过独特的刺绣工艺和图案，展示了民族的文化传统和节日的欢乐氛围。

2.民族节日服饰

除了春节，许多少数民族还有自己独特的节日和庆典活动，其中的服饰也广泛应用刺绣工艺。例如，藏族的藏袍在藏历新年等重要节日中被广泛穿着，其袍身和袖口常常以精美的刺绣图案装饰，展现出节日的喜庆与祥和。同样，朝鲜族的传统服装中也运用了刺绣工艺，通过细致的刺绣花纹和丰富的色彩，展示出节日庆典的热闹和活力。

三、个人装饰品

刺绣工艺不仅在服装上有应用，在个人装饰品上也发挥着重要的作用。少数民族常常使用刺绣技艺制作手袋、鞋子、帽子、围巾等个人配饰，这些装饰品通过精美的刺绣图案和细致的工艺，展示出少数民族的艺术品位和独特的风格。

（一）刺绣手袋

手袋是女性日常生活中必不可少的配饰，而刺绣手袋则是少数民族女性展示个性和民族风情的重要物品。手袋上的刺绣图案多种多样，包括花卉、动物、几何纹样等。刺绣手袋采用精细的刺绣工艺和色彩丰富的绣线，使手袋在视觉上更加绚丽多彩，同时也展现了少数民族文化的独特魅力。

（二）刺绣鞋子

少数民族的传统刺绣鞋子是独特的个人装饰品。这些鞋子通常采用高品质的皮革或织物作为基材，然后运用精心绣制的刺绣图案进行装饰。刺绣图案可以出现在鞋面、鞋跟、鞋底等部位，图案设计多样，有的以花鸟为主题，有的以传统纹样为元素。刺绣鞋子不仅展现了少数民族对细节和工艺的追求，还为穿着者增添了独特的个性和时尚感。

（三）刺绣帽子

帽子作为保护头部和美化形象的重要配饰，在少数民族文化中有着重要的地位。刺绣帽子常见于藏族、彝族、哈尼族等少数民族。这些帽子以精美的刺绣图案为装饰，其图案常常与民族的信仰、传统和民俗有关。刺绣帽子的制作过程复杂，需要绣工花费大量时间和精力，通过刺绣工艺将民族的文化和历史渗透其中，让帽子成为身份认同和文化象征的物品。

（四）刺绣围巾

刺绣围巾是少数民族个人装饰品中常见的一种，不仅可以保暖，还能为服装增添华丽感。刺绣围巾常以传统的刺绣工艺，采用丝线、棉线或金银线等不同材质的线，通过精细的绣针工艺，在围巾上绣制各种图案和纹样。这些图案常常包括花卉、动物、几何纹样，以及少数民族独特的符号和标志。刺绣围巾的颜色和图案选择多样，可以根据季节、场合和个人喜好进行搭配，展示出个性和时尚感。

（五）刺绣发饰

刺绣工艺也被广泛运用于少数民族的发饰中，如发带、发夹、发箍等。这些发饰常以细致的刺绣图案和精美的装饰品设计，将传统刺绣工艺与现代发饰的功能性和美观性相结合。刺绣发饰不仅能够固定发型，还能为发饰增添独特的风格和民族元素，使其成为个人形象的重要点缀。

总结起来，刺绣工艺在少数民族的个人装饰品中扮演着重要的角色。刺绣手袋、鞋子、帽子、围巾等个人配饰通过精美的刺绣图案和细致的工艺，展现了少数民族的艺术品位和独特的风格。这些装饰品不仅美化了个人形象，还承载着民族文化和传统的丰富内涵。刺绣工艺的精湛技艺和多样的图案设计，使个人装饰品成了展示个性、彰显民族特色和传承文化的重要途径之一。

四、刺绣与银结合案例

在云南少数民族刺绣纹样中，鸟纹、鱼纹和蝴蝶纹是常见的动物类图案，它们具有独特的造型和丰富的色彩，寓意着吉祥和美好。这些纹样经过少数民族妇女的巧妙加工，呈现出细腻而生动的效果，成为刺绣工艺中的重要元素。

（一）设计灵感

可以从动物纹样中获取灵感，将其应用于时尚设计中。例如，可以将鸟纹作为服装的装饰图案，刺绣在衣袖、领口或裙摆上，以增添服饰的魅力和独特性。鱼纹则可以应用在手袋、鞋子或帽子的设计中，通过刺绣工艺表现出鱼儿的优雅和灵动。而蝴蝶纹样则适合应用在围巾、披肩等配饰上，为其增添柔美的气质和浪漫的感觉。

此外，银是少数民族首饰中常用的材料之一，它与刺绣纹样的结合可以创造出独特的文化性首饰。设计师可以将刺绣纹样细致地刻在银制的项链、手镯或耳环上，使首饰展现出少数民族的传统和历史底蕴。这样的设计不仅具有装饰性，还能够讲述故事，传递文化信息。

（二）设计说明

项链选用彝族的鸳鸯纹样、蝴蝶纹样，如图4-5、图4-6所示。

1.造型方面

在造型方面，设计师可以突出云南少数民族服饰的大而美的视觉感受，将彝族的如意纹与鸳鸯纹样、蝴蝶纹样相结合，以凸显吉祥的寓

图4-5　鸳鸯纹样项链设计图

图4-6　蝴蝶纹样项链设计图

意。成对的事物常被视为吉祥的象征，而如意纹本身就具有吉祥的寓意，二者的组合使美好的寓意更加深刻，同时也体现了形必有意、意必吉祥的文化观念。

图4-5是将如意纹进行提炼和概括，保留其核心形态并对内部进行简化处理，同时在外部边框周围增加装饰元素，如花朵、藤蔓等，将刺绣纹样巧妙地贴于如意纹的中间位置。这样的设计既突出了如意纹的特点，又通过刺绣纹样的细节展示增添了装饰的华丽感。

图4-6是对蝴蝶纹样的造型设计，对其外形进行提炼和概括，并在内部贴附蝴蝶绣片。整体的首饰设计呈现左右对称的分布，形成了对比效果。在造型上，外框银的体积较大，突出了首饰的整体结构，而绣片的体积相对较小，通过刺绣图案展示出丰富的色彩和纹样。

2. *材质方面*

在材质方面，这套刺绣首饰主要采用了绣片与银的巧妙结合。在云南少数民族中，银饰是一种常见的首饰制作材料，具有丰富的文化内涵和艺术价值。少数民族银饰的制作技艺历史悠久、工艺精湛，因此在刺绣首饰中加入银的元素，不仅增加了首饰的质感和华丽感，同时也展现了少数民族银饰制作的独特魅力。

一方面，绣片作为刺绣工艺的核心部分，采用丰富多彩的线绣制而成。绣片可以根据设计需求和纹样特点选择不同的材质，如丝线、棉线、金银线等，以展现出丰富的色彩层次和纹样细节。绣片经过少数民族妇女的巧手加工，其精细的刺绣工艺使首饰更加精美和独特。

另一方面，银作为首饰的主要材料，赋予刺绣首饰更加坚固和耐用的特性。少数民族银饰制作技艺独步，银材质经过精细打磨和加工，展现出闪耀的光泽和细腻的质感。银的材质在刺绣首饰中起到承托和装饰的作用，通过银的外框和绣片的贴附，形成对比和层次感，使整体设计更加丰富和华丽。

3.工艺方面

在工艺方面，这套刺绣首饰的主要材质是银，因此，其工艺流程主要涉及银制品的制作工艺。将常见的银制首饰工艺流程，用于这套刺绣首饰的制作。

熔银。将银材料加热至熔点，使其变为液态，为后续工艺步骤做准备。

捶打。使用捶击工具和金属锤对银坯进行捶打，使其逐渐变薄和延展，达到所需的形状和大小。

锻花。使用凿子、凿刀等工具，在银坯表面雕刻出纹样和图案。这是一个关键的工艺环节，可以根据设计需求刻画出各种细致的图案和纹样。

镌刻。使用雕刻刀等工具在银制品表面进行刻线、刻花等工艺处理，以增加银制品的纹饰和装饰效果。

焊接。将各部件进行精确组合，并通过焊接工艺将它们固定在一起，确保整个首饰的结构牢固。

抛光。使用抛光工具和研磨材料对银制品表面进行抛光，使其光滑、亮丽，并去除可能存在的瑕疵和不平整。

清洗。通过浸泡、清洗和擦拭等步骤，将银制品表面的油脂、灰尘和残留物清除干净，使其焕发迷人的光彩。

补充其他材质。根据设计需求，将刺绣细节或其他装饰物附着到银制品上，进一步丰富首饰的外观和装饰效果。

这些工艺流程中，锻花和镌刻是最为关键的步骤，它们通过对银制品表面进行精细的雕刻和刻线，赋予首饰独特的纹样和装饰效果。通过这些工艺流程的巧妙组合和精湛技艺的运用，刺绣首饰得以展现出华丽、精致的工艺细节，彰显出少数民族文化的瑰丽与精湛。

五、刺绣与黄金结合

通过将平面的绣片立体化，创造出独特的胸针造型。在设计中，选择对鸟、对鱼和对蝴蝶的纹样作为主要元素，这些成双成对的图案寓意美好，象征着吉祥和幸福。而将绣片与黄金材质相结合，使胸针呈现出更高贵、典雅的气质。

图4-7～图4-9展示了不同纹样的绣片胸针。每个胸针都由两个对称的绣片

图4-7 对鸟胸针设计图

图4-8 对鱼胸针设计图

图4-9 对蝴蝶胸针设计图

组成，采用黄金材质作为背景和连接部分。这种对比色的运用，使胸针的外观更加引人注目，充满视觉冲击力。

在胸针的造型上，绣片被精心剪裁和缝制，呈现出细腻而精致的绣工。绣片与黄金相结合，通过精湛的工艺将绣片固定在黄金底座上，确保其牢固性和稳定性。

胸针的整体设计追求平衡和对称，通过对绣片的精准安置和对黄金底座的精心雕刻，打造出和谐而优雅的形态。胸针的背面设计经过细致考虑，既保证了舒适的佩戴感，又展现出细致的工艺细节。

通过将刺绣和黄金相结合，使这套胸针展示了刺绣工艺与贵金属的完美融合。刺绣的精湛技艺赋予胸针独特的纹样和细节，而黄金的光泽和高贵特质则提升了胸针的品质和价值。这款胸针不仅是一件精美的饰品，更是对刺绣工艺和黄金制作工艺的致敬，展现出文化与艺术的结合。

总体来说，刺绣工艺在少数民族服饰中的应用是多样且具有重要意义的。它不仅是服饰的装饰手段，更是少数民族文化的传承和展示方式。刺绣工艺通过精湛的技艺和独特的图案设计，赋予服饰以独特的美感和个性，同时也凸显了少数民族的身份认同和文化传统。

第二节 少数民族刺绣的特点和技法

一、少数民族服饰刺绣中斑斓绚丽的色彩呈现

色彩在刺绣设计中起着至关重要的作用，它不仅仅是为了增加视觉效果，更体现了少数民族文化的丰富性、独特性和情感表达（图4-10～图4-12）。

图4-10　羌族绣花围裙

图4-11　苗族织锦锁绣鸟纹围裙

图4-12　苗族套绣绣花鞋

（一）多彩的天然染料

少数民族刺绣采用自然染料，如植物染料和昆虫染料，为刺绣作品赋予丰富多样的色彩。例如，云南彝族的刺绣常采用来自植物的蓝色、红色、黄色等色素，而壮族的刺绣则运用大自然中的蓝、紫、绿等鲜艳色彩。

1.植物染料的应用

（1）蓝色染料

少数民族刺绣中常见的一种天然染料是蓝色染料。例如，在云南彝族刺绣中，常使用蓝靛染料，也称为蓝靛蓝。这种染料是由蓼蓝植物的叶子经过发酵和提取制成的。蓝色在彝族文化中具有象征意义，代表着天空、水和自然的纯洁与神圣。

（2）红色染料

红色是少数民族刺绣中常见的色彩之一。茜草是一种常用的红色植物染料来源。少数民族妇女常使用茜草将纺织品染成鲜艳的红色，这种红色富有热情和活力，常用于表达喜庆和祝福之情。

（3）黄色染料

黄色也是少数民族刺绣中常用的色彩之一。黄色染料常常来自植物，例如，藤黄、柿皮等。黄色在少数民族文化中象征着丰收和富饶，给人以温暖和愉悦的感觉。

2.昆虫染料的应用

（1）紫色染料

紫色是少数民族刺绣中常见的昆虫染料之一。紫色染料主要来自壳螨的分泌物。壳螨是一种生活在植物上的小昆虫，其分泌物经过加工提取后，可以得到富有光泽的紫色染料。紫色在少数民族文化中代表着尊贵，常被用于表达特殊场合和仪式的重要性。

（2）绿色染料

绿色也是少数民族刺绣中常用的昆虫染料之一。绿色染料通常来自蚕蜡的分泌物。蚕蜡是一种生活在蚕茧上的昆虫，它们分泌的蜡质具有独特的绿色。通过将蚕蜡融化和加工，可以得到绿色染料。绿色在少数民族文化中象征着自然、生机和希望，常被运用于刺绣作品中，给人以清新和宁静的感觉。

3. 多彩天然染料的混合应用

除了单一色彩的应用，少数民族刺绣中还常常通过混合不同天然染料，创造出更丰富多彩的效果。例如，将蓝色和红色混合使用，形成紫色；将黄色和蓝色混合使用，形成绿色等。这种混合应用使刺绣作品呈现出更加鲜艳夺目的色彩组合，同时也增加了图案的层次感和细节表现力。

少数民族刺绣服饰中斑斓绚丽的色彩呈现离不开多彩的天然染料的应用。这些染料来源于植物和昆虫，通过独特的制作工艺，为刺绣作品赋予了丰富的色彩。无论是蓝色、红色、黄色，还是紫色、绿色等，每一种色彩都承载着少数民族文化的象征意义和情感寄托。通过染色技艺和色彩的组合运用，少数民族刺绣作品展现出生动、活泼和充满活力的视觉效果，彰显了少数民族文化的独特魅力和丰富内涵。

（二）对比明快的配色方案

少数民族刺绣常常采用对比鲜明的配色方案，以突出图案的层次和细节。例如，红与绿、黄与紫、蓝与橙等对比强烈的颜色搭配，营造出活力十足的视觉效果。

1. 对比明快的配色方案的意义

少数民族刺绣服饰中对比明快的配色方案具有重要的意义。这种配色方案能够使刺绣作品更加引人注目、生动活泼，增强其观赏性和艺术感。通过对比明快的颜色组合，图案的层次和细节得以突出，使整体设计更加鲜明、有吸引力。此外，对比明快的配色方案还能传递特定的情感和意义，激发观众的兴趣和共鸣。

2. 对比明快的配色方案的常见组合

少数民族刺绣服饰中常见的对比明快的配色方案有多种组合形式。以下是其中几种常见的组合。

（1）红与绿

红色代表热情、喜庆和活力，绿色代表自然、生机和平和。这种组合常见于节日庆典的服饰中，展现出欢乐和祝福的氛围。

（2）黄与紫

黄色代表光明、温暖和希望，紫色代表神秘、高贵和神圣。这种组合常见于重要仪式和宴会服饰中，彰显出庄重和尊贵。

（3）蓝与橙

蓝色代表清新、宁静和智慧，橙色代表活力、热情和创意。这种组合常见于日常生活的服饰中，给人以活泼和积极的感觉。

3. 对比明快的配色方案的设计技巧

在运用对比明快的配色方案时，设计师常常采用一些技巧来达到最佳效果。

（1）颜色对比度

选择明度与饱和度高的颜色进行对比，使它们彼此之间更加鲜明。例如，红色和绿色的对比效果在明度和色彩饱和度上差异明显。

（2）色彩平衡

在对比明快的配色方案中，需要注意整体的色彩平衡。通过合理的分配和搭配，避免任何一种颜色过于突出或压倒其他颜色，保持整体色彩的和谐统一。

（3）图案结构

在刺绣设计中，可以利用对比明快的配色方案来突出图案的结构和细节。通过在不同部位使用不同的对比明快的配色方案，可以突出图案的层次和立体感，增加刺绣作品的艺术性和吸引力。

4. 对比明快的配色方案的文化意义

对比明快的配色方案在少数民族刺绣服饰中不仅仅是为了追求视觉效果，还承载着深厚的文化意义。在少数民族文化中，颜色具有丰富的象征和意义。不同颜色的对比组合反映了特定民族的信仰、价值观和情感表达。

例如，在某些少数民族的传统刺绣中，红色代表热情、喜庆和吉祥，绿色代表自然、和谐和健康，黄色代表光明、富饶和祝福。通过将这些颜色进行对比和组合，刺绣作品传递出民族文化中对生命、自然和幸福的理解和追求。此外，对比明快的配色方案也可以代表民族间的交流融合。在一些多民族地区，不同民族的刺绣传统融合在一起，通过对比明快的配色方案展现出各民族之间的和谐共存，促进文化交流。

少数民族刺绣服饰中对比明快的配色方案具有重要的意义。它不仅能够使刺绣作品更加引人注目、生动活泼，突出图案的层次和细节，还传递着丰富的文化意义。刺绣作品通过对比明快的配色方案，展现出多样性、活力和独特的民族魅力。设计师在运用对比明快的配色方案时，可以考虑颜色对比度、色彩平衡和图案结构等设计技巧，以达到最佳的视觉效果和文化表达。这些绚丽多彩的配色方案丰富了少数民族刺绣服饰的视觉魅力，同时也展示了少数民族文化的独特魅力和丰富内涵。

（三）细致丰富的色彩层次

在刺绣作品中，少数民族妇女巧妙地运用不同色彩的线线相间、点点交错，形成细致丰富的色彩层次。这种层次感使刺绣作品更加生动立体，让观者能够感受到图案的变化和细节之美。

1. 细致丰富的色彩层次的意义

细致丰富的色彩层次是少数民族刺绣服饰的重要设计元素，它赋予刺绣作品独特的视觉效果和艺术魅力。这种层次感能够使图案更加立体、生动，增加观赏者的兴趣和欣赏价值。通过巧妙运用不同颜色的线线相间、点点交错，使刺绣作品展现出丰富多样的色彩变化，使整体设计更加丰富和细腻。同时，细致丰富的色彩层次也能够表达刺绣作品所代表的文化、民族特色和情感。

2. 色彩层次的构建方法

细致丰富的色彩层次是通过巧妙的构建方法来实现的。以下是几种常见的构建方法。

（1）线线相间

采用不同颜色的线线相间交织，形成色彩渐变和过渡效果。通过使用不同粗细的线线和不同的绣法，使图案中的色彩层次更加丰富和细致。

（2）点点交错

运用小巧精细的点点，将不同颜色的线线连接在一起，形成色彩的交错和混合效果。这种点点交错的方式可以使色彩更加鲜明、细腻，增加图案的细节和立体感。

（3）渐变色彩

通过使用不同深浅度的同一色系的线，实现色彩的渐变效果。这种渐变色彩的应用可以使刺绣作品呈现出柔和、流动的色彩变化，营造出柔美而富有层次感的效果。

3.色彩层次的表达方式

细致丰富的色彩层次可以通过不同的表达方式来实现。以下是几种常见的表达方式。

（1）平面层次

在平面刺绣作品中，通过巧妙的线线组合和线线粗细的变化，实现色彩的层次感。运用不同色彩的线线填充图案的各个部分，形成明暗对比和立体感。

（2）立体层次

在立体刺绣作品中，色彩层次感更加明显。通过在绣制过程中使用立体绣法，如立体绣等技巧，使刺绣作品呈现出更加立体的色彩层次。通过在不同位置使用不同颜色的线线，以及增加线线的密度和细腻度，可以让刺绣作品的色彩在视觉上更具深度和层次感。

（3）色彩对比

色彩对比是刺绣作品中创造色彩层次的重要手段之一。通过运用对比鲜明的颜色，如互补色或对比色，使不同部分的色彩产生强烈的对比效果。这种对比可以使刺绣作品的色彩更加丰富、鲜明，呈现出明快的层次感。

（4）线条层次

除了色彩的层次感，线条的运用也是刺绣作品中创造层次感的重要手段之一。通过使用不同粗细、弯曲和交叉的线条，可以在刺绣作品中形成线条的层次感。这种线条的层次感可以进一步强化刺绣作品的立体感和视觉效果。

总体而言，少数民族刺绣服饰中斑斓绚丽的色彩呈现，既是对丰富多样的自然世界的呈现，也是对民族文化、情感和价值观念的表达。色彩的运用使刺绣作品充满生机和活力，展现了少数民族文化的独特魅力和精神内涵。同时，这些丰富多彩的色彩也为人们带来更多的视觉享受和情感共鸣。

二、少数民族服饰刺绣中多元整体的形式结构

少数民族服饰刺绣中多元整体的形式结构具有重要的意义。这种形式结构能够展现出民族文化的多样性和独特性，彰显出不同民族之间的差异性和丰富性。同时，多元整体的形式结构也反映了少数民族对刺绣艺术的深刻理解和创造力，

使刺绣作品更加富有变化和魅力。

（一）多元整体的形式结构的特点

少数民族服饰刺绣中多元整体的形式结构具有以下几个特点。

1. 多种图案的组合

少数民族刺绣作品往往将多种图案进行组合，形成丰富多彩的整体效果。这些图案可以是花卉、动物、几何图形等，通过巧妙的排列和组织，形成独特的视觉效果。

2. 多层次的结构

刺绣作品常常采用多层次的结构，通过线线相间、点点交错的方式，展现出不同元素之间的层次感和立体感。这种结构让整个刺绣作品更加丰满、立体，增加了观赏的乐趣和视觉冲击力。

3. 多种技法的运用

少数民族刺绣中采用了多种技法来实现多元整体的形式结构。例如，绣花、钉珠、镶嵌等技法经常被用于刺绣作品中，使不同元素之间形成有机的连接和衔接。

4. 多种材料的应用

刺绣作品中使用的材料也多种多样，如丝线、棉线、金线、银线等。不同材料的组合与运用，赋予刺绣作品丰富的质感和层次感，使整体形式更加多元化。

（二）多元整体的形式结构的设计原则

在刺绣作品中实现多元整体的形式结构时，设计师常常遵循以下原则。

1. 协调与平衡

在多种图案的组合中，要保持协调和平衡的原则。不同图案之间应相互补充和呼应，形成整体的和谐感。

2. 层次与节奏

通过对层次感和节奏感的处理，使整个刺绣作品呈现有序而丰满的效果。通过线线相间、点点交错的方式，形成层次分明的图案结构，营造出视觉上的变化和动态感。

3.空间与比例

在刺绣作品的设计中，需要合理运用空间和比例。不同元素之间的布局和大小要协调统一，避免出现拥挤或空荡的感觉，保持整体的平衡和美感。

4.色彩与对比

色彩的运用对于刺绣作品的形式结构至关重要。通过运用对比明快的配色方案，强化不同元素之间的边界和层次，使整体形式更加丰富。

5.细节与精度

在多元整体的形式结构中，细节的处理和精度的要求至关重要。每一个绣花、钉珠或镶嵌的细节都应精心设计和制作，以确保整体形式的完美呈现。

少数民族服饰刺绣中，多元整体的形式结构不仅仅是一种艺术表现形式，它承载着民族文化的传承、民族团结与多元共融的价值观、自然与宇宙的融合、个体与集体的平衡，以及艺术表达与审美享受的层面。这种形式结构通过图案的组合、层次的处理、色彩的运用和细节的精致呈现，展示了少数民族刺绣艺术的独特魅力和丰富内涵。它不仅仅是服饰的装饰，更是文化的传承和民族身份的象征，同时也丰富了人们的生活，传递着美的力量和情感的共鸣。

三、少数民族服饰刺绣中富有层次的肌理表现

在少数民族服饰刺绣中，富有层次的肌理表现是一种重要的设计元素，它通过对纹理、线条和细节的运用，赋予刺绣作品独特的质感和立体感。这种层次的肌理表现使刺绣作品更加生动和丰富，增强了观赏者的视觉体验和艺术欣赏欲望。

（一）纹理的运用

少数民族刺绣中常常利用不同的纹理效果来呈现丰富的肌理表现。例如，采用不同的线线相间、密度不同的刺绣针法，创造出纹理丰富的效果。这些纹理可以是细腻的花纹、粗糙的线条或是立体的浮雕效果，给人一种触觉上的质感。

1.纹理的种类和特点

少数民族服饰刺绣中丰富的纹理表现是通过不同的线线相间、不同密度的刺绣针法来实现的。这些纹理有许多种类和特点，每种纹理都有其独特的质感和效果。

（1）细腻的花纹

细腻的花纹是少数民族刺绣中常见的纹理形式之一。通过使用细丝线、细腻的刺绣针法和精细的绣工技艺，创造出精致而光滑的纹理效果。这些花纹可以是复杂的几何图案、精细的植物纹样或是精美的动物形象，呈现出精致而细腻的质感。

（2）粗糙的线条

粗糙的线条是一种独特的纹理表现方式，常常用于营造原始、朴素的风格。通过使用粗线、粗针和大胆的针法，使刺绣作品呈现出粗糙、有质感的线条效果。可以是粗犷的几何图案、粗细不均的线条或是有力的轮廓，营造出一种原始而有力的感觉。

（3）立体的浮雕效果

立体的浮雕效果是少数民族刺绣中常用的纹理表现方式之一。通过运用垫绣、填充绣和立体绣等技法，使刺绣作品在平面上形成凸起的部分或是有立体感强烈的图案。这些纹理可以是花朵、动物或是其他图案，营造出立体而丰富的质感。

2.纹理的运用技巧和效果

在少数民族刺绣中，常常运用一些技巧创造出丰富的纹理效果，并达到特定的视觉效果和情感表达。

（1）线线相间

通过使用不同颜色、不同粗细的线线相间，可以形成明暗对比和层次感，创造出纹理丰富的效果。这种线线相间的纹理运用可以使图案更加生动、立体，并突出细节。

（2）线针的运用

不同的刺绣针法和线线的运用也能够产生各种不同的纹理效果。例如，使用平针可以创造出平滑而细腻的纹理，而使用齿针则可以形成粗糙的纹理。设计师可以根据刺绣作品的主题和要表达的感觉，选择合适的针法和线线，以达到所需的纹理效果。

（二）线条的变化

线条是刺绣作品中重要的构成要素，通过线条的变化可以创造出丰富的肌理表现。少数民族刺绣中常常运用粗细不一、曲直有致的线条。通过线条的交错、交织和重叠，形成独特的纹理效果。这种线条的变化赋予刺绣作品更加立体和丰富的视觉效果。

少数民族服饰刺绣中富有层次的肌理表现常常通过线条的变化来实现。以下是几种常见的线条变化形式。

1.粗细变化

线条的粗细变化是一种常见的手法，通过使用不同粗细的线线相间，使刺绣作品呈现出明显的粗细对比。粗线可以营造浓重、有力的效果，而细线则能够展现细腻、柔和的质感。通过粗细变化的线条，刺绣作品可以呈现出层次感和立体感。

2.曲直变化

线条的曲直变化也是刺绣中常见的手法之一。通过刺绣针的灵活运用，使线条呈现出流畅的弧线、细腻的曲线或是有力的直线。曲线可以增加柔和、流动的感觉，而直线则能够展现稳定、坚定的特点。曲直变化的线条能够为刺绣作品带来动态和韵律感。

3.方向变化

线条的方向变化也能够产生丰富的肌理效果。线条可以垂直、水平、斜向或是错落有致地交织在一起，形成各种有趣的纹理图案。方向变化的线条可以增加刺绣作品的层次感和纹理丰富性，使其更加生动有趣。

（三）细节的精致处理

少数民族刺绣作品注重细节的精致处理。通过精细的线迹、细腻的刺绣和精准的针法，展现出刺绣作品的层次感和质感。细小的花朵、细节的纹理、微妙的色彩过渡等，都是刺绣作品中体现层次肌理的重要因素。这些细节的处理使刺绣作品更加精美和具有观赏性。

1.精细线迹的处理

在少数民族服饰刺绣中，精细线迹的处理是实现层次肌理表现的重要手法之一。以下是几种常见的精细线迹处理技巧。

（1）细腻的刺绣针法

刺绣作品中，使用细腻的刺绣针法能够创造出精细的线迹效果。例如，使用针尖轻柔地穿过织物，形成细小的刺绣点，使线迹看起来更加纤细和均匀。细腻的刺绣针法能够营造出柔和、流畅的质感，为刺绣作品增添细腻的层次。

（2）细线的运用

选择细线进行刺绣是实现精细线迹的重要因素。细线可以产生更加细致和清晰的线迹效果，使刺绣作品的细节得以凸显。巧妙运用细线的精细线迹，可以表现出刺绣作品中微妙的纹理和图案。

（3）线迹的变化和层次感

通过线迹的变化和层次处理，可以使刺绣作品呈现丰富的层次感。例如，在细小的花朵或叶子的刺绣中，运用细线勾勒出细节，再利用细线交错、重叠或渐变的方式，形成层次感。线迹的变化和层次处理能够使刺绣作品更加生动、立体，并为观赏者增加视觉体验。

2.细节纹理的刻画

在少数民族服饰刺绣中，细节纹理的精致刻画是表现层次肌理的重要手法之一。以下是几种常见的细节纹理处理技巧。

（1）线条纹理的刻画

通过细小的线条纹理来表现刺绣作品中的细节。例如，使用细线勾勒出花瓣的纹理或树叶的纹理，使其具备真实的观感。线条纹理的刻画可以使刺绣作品更加逼真，展现出细腻的层次肌理。

（2）点缀纹饰的加入

在刺绣作品中，可以加入细小的点缀纹饰，如小花朵、小叶子等，以丰富刺绣作品的细节纹理。这些点缀纹饰可以以不同的颜色和形状呈现，通过细腻的刺绣和精准的针法，刻画出细小而精致的纹理，增添作品的层次感和视觉趣味。

（3）细节纹理的过渡和渐变

细节纹理的过渡和渐变是刺绣作品中常用的技巧，通过细腻的线迹和色彩的渐变，创造出平滑而柔和的过渡效果。例如，在花朵的刺绣中，可以通过渐变的线迹和颜色变化，刻画出花瓣的光影和层次感，使其更加真实立体。

（4）纹理的细微表现

少数民族服饰刺绣中，注重细节纹理的细微表现。例如，在动物刺绣中，通过精细的线迹和细致的刺绣，刻画出动物的皮毛纹理、羽毛纹理等，使其具备细腻的观感。细微表现的纹理可以使刺绣作品更加生动和具有质感。

3.细节色彩的处理

色彩是少数民族服饰刺绣中表现层次肌理的重要因素，细节色彩的处理对刺绣作品的质感和层次感起着关键作用。以下是几种常见的细节色彩处理技巧。

（1）细节色彩的层次叠加

通过在刺绣作品中层层叠加不同的细节色彩，营造出丰富的层次感。例如，在花朵的刺绣中，可以使用不同的颜色层次来表现花瓣的立体感，通过色彩的渐变和叠加，使花朵呈现出立体而生动的效果。

（2）细节色彩的过渡和渐变

细节色彩的过渡和渐变是刺绣作品中常用的技巧，通过精细的色彩变化，营造出细腻而柔和的过渡效果。例如，在织物的纹理刺绣中，可以使用不同深浅的色彩进行渐变，以创造纹理的深浅和立体感。通过细节色彩的过渡和渐变，使刺绣作品呈现出更加丰富和细腻的层次肌理。

（3）细节色彩的细微表现

在少数民族服饰刺绣中，细节色彩的细微表现是创造层次肌理的重要手法之一。通过精细的色彩运用刻画出细小而精致的纹理，使刺绣作品更加生动和具有质感。例如，在动物刺绣中，可以运用细腻的色彩层次描绘动物的皮毛颜色和纹理，使其更加逼真和立体。

（4）细节色彩的对比和衬托

适当的色彩对比和衬托是实现细节肌理的重要手法。通过使用明暗对比鲜明的色彩，或在细节部分使用饱和度较高的色彩，可以使细节更加突出和引人注目。细节色彩的对比和衬托可以增强刺绣作品的立体感和层次感，使其呈现更加吸引人的视觉效果。

（四）材料的选择与运用

少数民族刺绣常使用丰富多样的材料，如丝线、棉线、毛线等，它们的不同材质和光泽度为刺绣作品带来了丰富的层次感。不同材料的运用可以形成不同的肌理效果，如丝线的光滑和细腻、棉线的柔软和粗糙等，使刺绣作品更加丰富多样。

1.丝线的运用

丝线是少数民族刺绣常用的材料之一，其光滑、柔软和细腻的特性为刺绣作品带来了独特的层次肌理。

（1）光泽感的表现

丝线具有独特的光泽度，能够反射出细腻的光线，使刺绣作品呈现出华丽、高贵的效果。通过运用丝线进行刺绣，可以表现出刺绣作品光影的变化，创造出丰富的层次感。

（2）细腻线条的呈现

丝线的细腻特性使刺绣作品中的线条更加纤细而精致。通过细腻的刺绣针法和精准的线迹，可以勾勒出丝线的线条，使其更加流畅和柔和。细腻线条的呈现为刺绣作品增添了细致的层次肌理。

（3）色彩的鲜艳和饱和度的高低

丝线具有良好的染色性能，可以呈现出鲜艳且多样的色彩。通过选择不同颜色的丝线，可以创造出丰富多彩的层次肌理。此外，丝线还可以通过调整染色的饱和度，使刺绣作品中的色彩层次更加丰富和饱满。

2.棉线的运用

棉线作为一种常见的刺绣材料，其柔软和粗糙的特性为刺绣作品带来了不同于丝线的层次肌理效果。

（1）粗糙质感的呈现

棉线相比于丝线更为粗糙，具有一定的纹理感。运用棉线进行刺绣，可以创造出粗糙的线条和细节纹理，使刺绣作品呈现出原始、朴素的质感。

（2）棉线勾勒的线条效果

棉线的粗糙特性使刺绣作品中的线条更加明显和有力。通过使用粗糙的棉线勾勒出线条，可以形成突出和粗犷的效果，为刺绣作品带来独特的层次肌理。

（3）色彩的自然和柔和度的高低

棉线的染色效果相对较低，色彩的饱和度较低，呈现出自然而柔和的效果。

通过选择适合的棉线颜色，可以使刺绣作品中的色彩更加温暖和舒适。棉线的低饱和度为刺绣作品带来了一种柔和而淡雅的层次肌理。

3. 毛线的运用

毛线是少数民族刺绣常用的材料之一，其柔软和蓬松的特性为刺绣作品带来了独特的层次肌理。

（1）毛线的蓬松感

毛线具有一定的蓬松感，可以通过毛线的厚度和纤维的特性创造出丰富的层次效果。运用蓬松的毛线进行刺绣，可以使作品中的纹理更加立体和丰满，呈现出柔软的质感。

（2）毛线的绒毛效果

毛线的绒毛效果为刺绣作品带来了独特的触感。通过毛线的绒毛特性，可以创造出细腻而立体的纹理效果，使刺绣作品更加丰富和有质感。

（3）色彩的温暖和丰富度

毛线的染色效果较好，可以呈现出丰富的色彩。通过选择不同颜色的毛线进行刺绣，可以创造出温暖和丰富的层次肌理。毛线的色彩使刺绣作品更加生动和有趣，增添了视觉上的享受。

少数民族服饰刺绣中的层次肌理表现离不开材料的选择与运用。丝线带来光滑细腻的层次效果，棉线带来粗糙质感的层次效果，而毛线则创造出蓬松和绒毛的层次效果。不同材料的运用使刺绣作品呈现出丰富多样的肌理表现，从而增添了其艺术价值和视觉吸引力。细致的线迹、精准的针法、丰富的色彩及材料的纹理特性都为少数民族服饰刺绣中富有层次的肌理表现提供了关键的元素和技巧。

少数民族服饰的印染手工艺

第一节
印染工艺在少数民族服饰中的应用

一、少数民族服饰中印染工艺的应用价值

少数民族服饰中印染工艺的应用具有多重价值，从文化传承到经济发展，都对社会和个体产生着积极影响。

（一）传承文化遗产

印染工艺是少数民族传统文化的重要组成部分，通过在服饰中的应用，可以有效传承和保护民族的文化遗产。这些传统技艺承载着族群的历史、信仰和价值观，通过服饰的展示，这些文化得以传承给后代，并促进族群认同和社区凝聚力的形成。

1. 传统技艺的保护和传承

印染工艺是少数民族文化的瑰宝，具有丰富的创造力和艺术表达。这些传统技艺凝结了民族的智慧和工艺传统，通过世代相传的方式保留至今。为了保护和传承这些技艺，需要重视对老一辈工艺师傅的学习和记录，以确保其技艺得以延续。另外，还要鼓励年轻一代对传统技艺的学习和参与，通过学徒制度或专业培训，培养新一代的工艺师傅，使传统技艺得以传承。

2. 文化认同的形成

印染工艺在服饰中的应用，能够展示民族的独特文化特色和身份认同。通过在服饰中展示传统纹样、图案和色彩，可以辨识出不同民族的特征，进而形成对自身文化的认同感。这种认同感促进了民族的凝聚力和团结力，加强了族群之间的联系和互动。

3. 保护生态环境和可持续发展

印染工艺传统上使用天然植物染料和手工织布，与环境友好和可持续发展理

念相契合。传承印染工艺有助于保护生态环境，避免对环境造成污染和破坏。此外，传统工艺的传承也带动了相关产业的发展，如植物染料的种植和采集、手工纺织的生产和销售，为民族经济带来了一定的收益和就业机会。

4.文化交流与传播

印染工艺不仅在少数民族内部具有重要意义，也在跨文化交流中发挥着重要作用。通过文化交流和传播，印染工艺得以更广泛传播和认知，为世界各地的人们所喜爱和欣赏。这种跨文化交流有利于促进不同文化之间的对话和理解，增进民族间的友谊和合作。同时，传统印染工艺也成为文化旅游的重要资源，吸引着来自世界各地的游客前来体验和了解少数民族的文化遗产。

5.创新与现代化转型

尽管印染工艺承载着丰富的传统价值，但也需要与时俱进，进行创新与现代化转型。在传承的基础上，可以探索新的设计理念和技术手段，将传统与现代相结合，推动印染工艺的发展和创新。例如，将传统纹样融入现代服装设计中，结合不同材质和工艺进行创作，使传统工艺焕发新的活力和魅力。

6.文化保护政策的支持

为了保护和传承印染工艺，政府和相关机构可以出台相应的政策和措施，并提供资金支持、培训和推广等方面的支持。通过设立专门的文化遗产保护机构和项目，加强对传统工艺的调研、记录和保护，确保传统技艺得到合理的保护和传承。

通过传统技艺的保护与传承，可以保留民族的历史记忆和文化身份，促进文化认同和社区凝聚力的形成。此外，传承印染工艺还有助于生态环境的保护和可持续发展，推动文化交流与传播，并在创新与现代化转型中焕发新的活力。政府和社会各界应加强对印染工艺的支持和保护，确保这一宝贵的文化遗产得以传承和发展。

（二）艺术表达与审美体验

印染工艺赋予少数民族服饰独特的艺术价值和审美体验。不同的印染工艺带来了丰富多彩的图案、纹饰和色彩，展示了少数民族的审美观念和创造力。这些艺术表达形式能够吸引人们的目光，让人们感受到少数民族文化的独特魅力，促进文化交流和多元文化共融。

1. 图案和纹饰设计

印染工艺通过细腻的图案和纹饰设计，展示出少数民族的审美观念和创造力。这些图案和纹饰常常受到自然界的启发，如花卉、动物、人物和几何图案等，以及民族历史、神话和信仰等元素的影响。织锦工艺的提花技法和印染工艺的木刻、蜡染等技法能够创造出丰富多样的图案和纹饰效果，使作品具有独特的艺术魅力。

2. 色彩运用

印染工艺以其丰富多彩的色彩而闻名。少数民族利用天然植物染料、矿石染料和昆虫染料等材料，创造出鲜艳、饱满和富有质感的色彩效果。色彩的选择和搭配能够赋予作品不同的情绪和表达。色彩的运用使印染作品更加生动、丰富，更具有视觉冲击力，为观者带来愉悦的审美体验。

3. 材质与质感

印染工艺不仅关注图案和色彩，还注重材质的选择和质感的表达。少数民族常常使用丝绸、棉布、麻布等天然纤维材料进行印染，这些材料具有良好的质感和手感。织锦工艺中，通过丝线的编织，可以创造出细腻、柔软和光泽的质感。印染工艺中，木刻和蜡染等技法能够在织物上形成凹凸感和纹理效果，增加了触觉上的体验。观者在接触和观赏印染作品时，可以通过质感的感知获得更深入的审美体验。

4. 文化符号和意义

印染工艺不仅仅是艺术的表达，也承载着丰富的文化符号和意义。每个图案、纹饰和色彩都可能代表特定的民族历史、信仰、神话故事或生活方式。观赏印染作品时，人们可以通过解读这些符号和意义，进一步理解少数民族的文化内涵和世界观。这种文化共鸣和认同能够增强观者与作品之间的情感联系，提升审美体验的深度和意义。

5. 跨文化交流与多元融合

印染工艺作为一种独特的艺术表达形式，具有跨文化交流和多元融合的潜力。通过印染作品的展示和传播，少数民族的文化和艺术得以推广和认知。印染工艺也吸引了来自不同文化背景的人们的兴趣和欣赏。在多元文化的交流与碰撞中，印染工艺融合了各种文化元素和艺术风格，形成了独特而富有创意的作品，为观者带来了新颖的视觉和审美体验。

通过精心设计的图案、丰富多彩的色彩、优雅的材质和深刻的文化符号，印染作品赋予观者独特的艺术享受和情感共鸣。同时，印染工艺也是文化传承和交流的桥梁，通过传播少数民族的文化遗产和艺术创作，促进了不同文化之间的对话和理解，推动了多元文化的共融与发展。

（三）经济发展与产业带动

印染工艺在少数民族服饰中的应用，可以促进当地的经济发展和产业带动。通过将传统的印染工艺应用于服饰制作中，可以为少数民族地区提供就业机会，提升当地居民的收入水平和生活质量。同时，印染工艺的商业化运作还可以推动相关产业链的发展，包括染料生产、织布工艺等，进一步促进了当地经济的繁荣。

（四）文化交流与旅游推广

少数民族服饰中的印染工艺展示了其文化特色和独特之处，吸引了众多游客和文化爱好者的关注。这促进了不同地域、民族之间的文化交流和互动，拓宽了人们对少数民族文化的认识和理解。同时，少数民族服饰中印染工艺的魅力也成为旅游推广的重要资源，吸引着更多游客前来探索和体验。

少数民族服饰中印染工艺的应用具有重要的文化、经济和社会价值。通过印染工艺的应用，可以传承和保护少数民族的文化遗产，维系族群的认同和凝聚力，同时也展示了民族的艺术表达和审美体验。印染工艺的商业化运作和产业带动能够促进当地经济的发展，提供就业机会，改善居民的生活状况。

二、印染工艺在少数民族服饰中的应用领域

印染工艺在少数民族服饰中应用广泛，涵盖了多个领域。

（一）衣服

印染工艺被广泛应用于少数民族服饰的衣服上。不同民族有其各自独特的印染技法和图案设计，如傣族的混染、苗族的蜡染、白族的扎染等。印染图案可以

出现在服装的各个部位，如衣领、袖口、衣袋等，为服饰增添独特的民族特色和装饰效果。

1. 衣领和袖口

印染图案常常出现在少数民族服饰的衣领和袖口上。这些区域是衣服的重要装饰部分，通过印染工艺的应用，可以为服饰增添丰富的图案和色彩。在衣领和袖口上使用印染图案可以突出服饰的精致和独特性。

2. 衣袋和衣摆

衣袋和衣摆是另外两个常见的应用区域。在一些少数民族的传统服饰中，衣袋和衣摆上常常绘制精美的印染图案，用以增强服饰的装饰效果。这些图案可以是民族特有的纹饰、花卉图案或其他具有象征意义的图案，使衣服更加醒目且具有辨识度。

3. 身体前后部位

印染工艺还常常应用于服饰的身体前后部位。在这些区域，设计师可以运用印染技法创造出各种丰富多彩的图案，如民族特色的花纹、动植物的形象、传统故事的场景等。这些图案能够让服饰更加生动活泼，展现少数民族文化的独特魅力。

4. 衣服边缘和细节

印染工艺还可以用于衣服边缘和细节的装饰。通过在衣服边缘绘制印染图案，可以为服饰增添一份精致和华丽感。同时，在衣服的细节部分，如纽扣、腰带、领结等处，也可以运用印染工艺创造出精美的装饰效果，使整体服饰更加完整和协调。

（二）裙子和裤子

许多少数民族的传统服饰中，裙子和裤子是重要的组成部分，印染工艺也广泛应用于这些服饰的设计中。印染技法可以用于绘制裙摆和裤腿的图案，使服饰更加丰富多彩。

1. 裙摆上的印染图案

在许多少数民族的传统服饰中，裙子是女性常见的衣着，印染工艺被广泛应用于裙摆上。裙摆是裙子的下部，通常较宽且具有较大的装饰面积。通过印染技法在裙摆上绘制各种图案，如花卉、动物、几何纹样等，以丰富和装饰裙子的整体外观。这些图案常常以对称、层次分明的方式呈现，增添了服饰的华丽感和艺术性。

2. 裤腿上的印染图案

印染图案也常常出现在一些少数民族传统服饰中的裤腿上。裤腿是裤子的下部，可以通过印染技法来进行装饰。设计师可以运用各种印染技法在裤腿上绘制图案，如几何纹样、传统纹饰、自然元素等。这些图案可以沿着裤腿延伸，形成连贯的装饰效果，使裤子更加具有视觉冲击力和独特的民族风格。

3. 裙摆和裤腿上的装饰边缘

除了在裙摆和裤腿的整体区域绘制图案外，印染工艺还可以应用于裙摆和裤腿的装饰边缘。通过在边缘绘制精美的印染图案，如波浪纹、花边纹等，可以为裙子和裤子增添一份精致和华丽感。这种边缘装饰可以是细节处理，也可以整个边缘都进行印染装饰，使服饰更加完整和富有层次感。

4. 裙摆和裤腿上的细节点缀

除了整体的图案装饰外，印染工艺还可以应用于裙摆和裤腿的细节点缀。设计师可以在裙摆和裤腿上添加小型的印染图案，如点状、小花朵等，用以点缀整体装饰。这些细小的图案可以在裙摆和裤腿的空白区域穿插布置，起到点睛之笔的作用，使服饰更加精美和独特。

无论是在裙摆上绘制华丽的图案装饰，还是在裤腿上展现独特的纹样，印染工艺都为服饰增添了独特的美感和艺术性。此外，边缘装饰和细节点缀的运用进一步丰富了服饰的细节和层次感。通过印染工艺的应用，少数民族服饰中的裙摆和裤腿呈现出丰富多样的图案和装饰效果，展示了民族文化的独特魅力。

（三）鞋子和袜子

除了衣服外，印染工艺也可以应用于少数民族的鞋子和袜子上。一些少数民族的传统鞋子和袜子上常常有精美的印染图案，通过印染工艺的运用，使鞋子和袜子更加独特、美观。

1. 鞋面印染图案

在少数民族的传统鞋子上，鞋面常常采用印染工艺进行图案装饰。设计师可以运用各种印染技法，在鞋面上绘制精美的图案，如动植物、几何纹样等。这些图案可以覆盖整个鞋面，也可以局部点缀，使鞋子呈现出独特的民族风格和艺术感。

2. 鞋底印染图案

除了鞋面，少数民族的鞋子还可以在鞋底进行印染图案的设计。鞋底印染图案常常采用简单而富有装饰性的纹样，如波浪、几何图案等。这些图案不仅能增加鞋子的美观度，还能在行走时留下独特的印记，体现民族文化特色。

3. 袜子上的印染装饰

少数民族的传统袜子也经常使用印染工艺进行装饰。袜子上的印染图案可以以动植物、几何纹样等形式呈现，用以增添袜子的美感和独特性。这些图案可以出现在袜子的整个面部，也可以局部点缀在袜子的边缘或者脚底等位置，形成丰富多彩的装饰效果。

4. 细节部位的印染处理

除了整体图案装饰外，印染工艺还可以呈现在鞋子和袜子的细节部位。例如，可以在鞋舌、鞋带、袜口等位置添加小型的印染图案或装饰，使整体设计更加精致和完整。这些细节的印染处理可以是花纹、图案、文字等形式，为鞋子和袜子增添独特的个性和艺术性。

5. 鞋子和袜子的配套设计

在少数民族的传统服饰中，鞋子和袜子常常是与衣服相匹配的。因此，在进行印染工艺处理时可以考虑鞋子和袜子与服装的整体搭配和协调。例如，可以在鞋子和袜子的图案、颜色、纹饰等方面与服装中的印染图案相呼应或相互衬托，形成整体的和谐感。

（四）配饰

印染工艺还可以应用于少数民族服饰的配饰上，如头巾、腰带、围巾等。这些配饰经过印染工艺的装饰，可以成为服饰的亮点，突出少数民族文化的特色和个性。

1. 头巾和头饰

头巾和头饰在少数民族的服饰中具有重要地位，其不仅可以保护头发和头部，还是展示民族风情的重要装饰品。印染工艺常常用于头巾和头饰的设计，通过绘制各种图案和纹饰，如植物纹样、动物纹样、传统纹样等，为头巾和头饰增添独特的民族特色和装饰效果。同时，印染工艺也可以运用不同的染色技法，如蜡染、扎染等，为头巾和头饰带来丰富的质感和层次感。

2. 腰带和腰链

腰带和腰链在少数民族的服饰中具有重要的功能和装饰作用。印染工艺可以应用于腰带和腰链的设计，通过绘制各种图案和纹饰，如几何纹样、传统符号、动植物等，为腰带和腰链增添独特的民族风格和个性。同时，印染工艺还可以运用不同的染色技法，如泥染等，为腰带和腰链增添细腻的质感和精致的装饰效果。

3. 围巾和领巾

围巾和领巾是常见的配饰，其不仅可以提供保暖的功能，还可以为服饰增添时尚和装饰效果。印染工艺在围巾和领巾的设计中发挥着重要作用，通过绘制各种图案和纹饰，如动植物图案、几何纹样、传统图案等，为围巾和领巾带来丰富多彩的装饰效果。同时，印染工艺还可以运用不同的染色技法，如蜡染、扎染等，为围巾和领巾带来独特的质感和纹理效果。

4. 饰品

除了头巾、腰带和围巾等配饰外，印染工艺也广泛应用于少数民族服饰的各种饰品上。饰品是服饰的点睛之笔，能够为整体造型增添细节和亮点。在少数民族文化中，饰品常常具有象征意义和民族特色，而印染工艺则为这些饰品赋予了独特的装饰图案和艺术效果。

（五）礼服和节日服饰

在少数民族的传统节日和重要场合，特别是婚礼等庆典活动中，印染工艺在礼服和节日服饰中的应用尤为显著。这些服饰经过精心的印染设计，展示出浓郁的民族风情和独特的艺术效果。

1. 婚礼服饰

在少数民族的传统婚礼中，新娘和新郎的礼服通常有丰富的印染装饰。印染工艺在婚礼服饰中的应用体现了民族文化的独特魅力和传承。设计师会使用各种印染技法，在婚纱、头饰、披肩等部分绘制精美的图案，如花卉、龙凤、古典纹样等，以彰显婚礼的庄重和喜庆。印染图案的细腻和独特性为婚礼增添了浓厚的民族氛围和艺术价值。

2. 节日服饰

少数民族的传统节日是民族文化的重要组成部分，而节日服饰则是这些节日庆祝活动中的重要元素。印染工艺在节日服饰中的应用形式多样，设计师通过不同的印染技法和图案设计，为节日服饰带来独特的视觉效果和装饰意义。例如，在春节期间，一些少数民族会穿着色彩斑斓的印染服饰，绘制各种吉祥图案，如喜鹊、寿桃、吉祥花卉等，以表达对新年的祝福和繁荣的期望。这些印染图案的精美和独特性使得节日服饰成为引人注目的艺术品和文化符号。

3. 庆典服饰

在一些重要的庆典活动中，如部落盛会、信仰仪式等，少数民族会穿着特殊的礼服来展示其身份和地位。这些庆典服饰通常经过精心设计和印染装饰，以突出个体在社群中的重要地位和角色。印染工艺在庆典服饰中的应用为其增添了独特的装饰效果和仪式感。设计师会根据庆典的性质和意义，运用不同的印染技法和图案元素，营造出庄重、庆祝和神圣的氛围。例如，在一些部落盛会中，部落首领的礼服常常以印染工艺为主要装饰元素，绘制着象征权力、神秘和力量的纹样，如图腾动物、神灵形象等。这些图案的细节和色彩运用都蕴含着丰富的象征意义，体现了该民族的价值观和信仰体系。

印染工艺在少数民族服饰中的应用领域多样，每个民族都有自己的特色和风格，通过印染工艺的运用，能够展现出民族文化的丰富性和多样性。

第二节

少数民族印染的特点和技法

少数民族服饰的印染手工艺是一种古老而精湛的技艺，通过手工的方式在织物上添加色彩和图案，赋予服饰独特的文化内涵和艺术价值。这些印染手工艺多数经历了数百甚至上千年的发展和传承，成为少数民族文化的重要组成部分。

一、苗族蜡染

苗族蜡染是中国少数民族服饰中最著名的印染手工艺之一（图5-1）。它使用蜡烛或蜜蜡在织物上绘制图案，然后进行染色。在染色过程中，蜡不会被染上颜色，从而形成独特的图案。苗族蜡染通常以蓝、黑、白、红等为主要颜色，图案多取自自然界和生活中的元素，如花鸟、山水等。

图5-1　苗族蜡染工艺

（一）制作工艺

苗族蜡染的制作过程包括以下几个主要步骤。

1.设计图案

蜡染师根据传统的图案元素和个人创意设计图案。图案通常取自自然界和生活中的元素，如花鸟、山水、动植物等。图案设计是整个制作过程中的关键环节，其决定了最终的纹样效果和艺术表现。

2.绘制蜡线

蜡染师使用蜡烛或蜜蜡在织物上绘制图案。他们通过控制蜡线的粗细、长度和形状来创造出不同的纹样效果。绘制蜡线需要高度的技巧和经验，以确保图案的清晰度和准确性。

3. 染色

在绘制完成后，将织物浸入染料中进行染色。染料可以是天然植物染料也可以是化学染料，不同的染料会产生不同的颜色效果。在染色过程中，蜡部分不会被染上颜色，与织物背景形成鲜明对比的图案。

4. 去蜡

染色完成后，织物需要经过去蜡的处理。去蜡的方法有热去蜡和化学去蜡，即通过将织物加热或浸泡在特定的溶剂中，使蜡溶解或脱落，露出底色和图案。

（二）图案元素特点

苗族蜡染具有以下独特的图案元素特点。

1. 鲜艳多彩的色彩

苗族蜡染色彩鲜艳，常见的颜色包括蓝色、黑色、白色和红色。这些色彩可以单独使用或组合在一起，营造出丰富多样的视觉效果。

2. 自然与生活元素

苗族蜡染的图案通常取自自然界和生活中的元素，花鸟、山水等是常见的图案元素。这些元素代表了苗族人民与大自然的紧密联系和对自然的崇敬。

3. 几何纹样

除了自然元素外，几何纹样也是苗族蜡染的常见图案之一。方格、菱形、斜纹等几何形状被巧妙地运用在织物上，创造出有节奏感和几何美感的纹样。这些几何纹样常常组合在一起，形成富有动感的图案。

4. 神话传说和民间故事

苗族蜡染图案中还常常出现神话传说和民间故事的元素。这些图案通过富有想象力的线条和形象，讲述着苗族人民的历史、神话和传统文化，传承着苗族人民的智慧和价值观，让人们在欣赏服饰时感受到浓厚的文化底蕴。

5. 对称和重复

苗族蜡染图案通常具有对称和重复的特点。对称图案在织物上呈现出一种平衡与和谐的美感，而重复图案则通过重复的元素创造出视觉上的连续性和节奏感。这种对称和重复的设计使苗族服饰充满了动态感和生命力。

苗族蜡染的印染手工艺代代相传，其不仅是苗族服饰的重要组成部分，也是苗族文化的重要传承形式。通过蜡染技艺，苗族人民将自己的历史、文化和价值观融入服饰中，展示出了独特的民族特色和美学风格。而如今，苗族蜡染也受到了更广泛的认可和欣赏，成为一种具有文化内涵和艺术价值的传统工艺。

二、傣族泥染

傣族泥染是云南傣族服饰的代表性印染工艺，其使用泥浆在织物上绘制图案，然后进行染色（图5-2）。在染色过程中，泥浆的部分形成图案，被染上颜色的部分则呈现出纹理和层次感。傣族泥染多以黑、白、红、蓝等颜色为主，图案多取自傣族的传统纹饰和自然元素。

图5-2　傣族泥染

（一）特点

1. 自然原料

傣族泥染使用的主要原料是当地的天然泥土和植物染料。这些原料天然纯净，无害环保，符合傣族人民对自然的敬畏和保护环境的理念。

2. 手工绘制

傣族泥染采用手工绘制图案，每一件作品都是手工艺人精心设计和绘制的结果。手工绘制赋予了作品独特的艺术感和人文情怀。

3. 独特的图案和纹饰

傣族泥染的图案多取自傣族传统文化和自然元素，如花鸟、植物、动物等。图案细腻而丰富，常常呈现出傣族独特的纹饰风格和象征意义。

4. 纹理和层次感

傣族泥染作品所呈现出的纹理和层次感，仿佛一幅栩栩如生的画卷，给予了观者强烈的视觉冲击和感官享受。这种独特的质感和立体感不仅是对材料本身的完美演绎，更是对傣族文化深厚底蕴和传统工艺的完美传承。通过细腻的纹理变化和层次叠加，泥染作品在色彩与形态上展现出丰富的情感表达，勾勒出了傣族人民的生活百态与情感世界。

（二）工艺流程

傣族泥染的制作过程包括图案设计、泥浆绘制、染色和定型等环节。

1. 图案设计

设计师根据傣族文化和自然元素进行图案设计。图案要符合傣族的审美并能够传递特定的寓意和文化内涵。

2. 泥浆绘制

手工艺人将泥土和水混合搅拌，形成泥浆状，然后使用特制的竹签或细木棍在织物上绘制出图案。绘制时需要手法熟练，力度掌握应得当，以确保图案的清晰和精细。

3. 染色

在绘制工艺完成后，工匠将织物缓缓浸入染料中进行着色。这时，泥浆的独特成分会巧妙地阻止染料渗透，从而形成图案。这一精妙的工艺不仅仅是一种染色过程，更是一种艺术创作的表达方式。通过细腻的手法和技艺，织物逐渐展现出独特的纹理与层次感，为傣族泥染作品注入了生动的艺术灵魂。

4. 定型

染色完成后，织物需要进行定型处理，以固定颜色和图案。通常使用烘干、蒸汽或熨烫等方法进行定型，以确保颜色持久且不易褪色。

（三）图案设计

傣族泥染的图案设计是整个工艺中至关重要的环节。图案设计需要考虑傣族文化和传统元素的融入，以及服饰的功能和审美要求。以下是一些常见的傣族泥染图案。

1. 花鸟图案

傣族泥染常以花鸟为主题，如牡丹、兰花、孔雀、鹦鹉等。花鸟图案代表着傣族人民对大自然的喜爱和崇敬，展现了傣族人民与自然和谐相处的生活态度。

2. 民族纹饰

傣族泥染中常使用传统的民族纹饰，如缠绕纹、波浪纹、螺旋纹等。这些纹饰代表着傣族人民的传统信仰和文化，是族群认同和身份认同的重要象征。

3. 自然元素

傣族泥染中也融入了丰富的自然元素，如山水、云雾、河流等。这些图案反映了傣族人民对大自然景观的热爱和敬畏，展示了傣族人民与自然环境紧密相连的生活方式。

（四）文化传承与创新

傣族泥染作为一种传统的手工艺，承载着傣族人民的历史和文化记忆。通过对泥染工艺的传承和创新，可以实现文化的传承与发展。

1. 传统技艺传承

傣族泥染需要经过长时间的师徒传承，才能掌握其独特的技艺。通过传统技艺的传承，保留了傣族泥染的纯正和原始特点。

2. 创新设计与市场需求

为了适应现代市场的需求，傣族泥染也在图案设计和工艺技术上进行了创新。设计师们将现代元素和时尚元素融入泥染作品中，以吸引更广泛的消费者。

3. 产业发展与经济推动

傣族泥染作为一项具有独特魅力的手工艺，对傣族地区的产业发展和经济推动起到了重要作用。通过发展傣族泥染产业，可以促进就业机会的增加，从而提高傣族地区居民的收入水平，提高生活质量。

此外，傣族泥染也被广泛应用于旅游产业。作为傣族文化的代表之一，傣族泥染吸引了许多游客前来欣赏和购买。旅游业的发展带动了当地的经济繁荣，同时也增加了对傣族传统文化的认知和尊重。

为了推动傣族泥染的发展，政府和相关机构积极采取措施，包括提供培训和教育机会，支持泥染工艺的研究与创新，推广傣族泥染的市场化和品牌化。这些举措为傣族泥染的传承和发展提供了有力支持。

同时，傣族泥染也面临着一些挑战和问题，其中之一是人才培养和传承的问题。由于泥染工艺需要长时间的学习才能掌握，传承的过程相对困难。因此，培养新一代的泥染手工艺人成为一项重要任务。

另一个挑战是市场竞争和品牌建设。随着时代的变迁和市场需求的变化，傣族泥染需要不断创新和提升，以满足消费者的需求。同时，建立和推广具有地方特色和品牌影响力的傣族泥染品牌也是一个重要的任务。

总的来说，傣族泥染作为一种独特的印染工艺，不仅展示了傣族人民的智慧和创造力，也是傣族文化传承的重要组成部分。通过传承与创新，傣族泥染在当地经济发展和文化推广中发挥着积极作用，为傣族地区的可持续发展做出贡献。

三、白族扎染

扎染工艺过程分设计、上稿、扎缝、浸染、折线、漂洗、整检等工序。首先，选好布料，然后在布上印上设计好的花纹图样，按照图样要求，分别使用撮皱、折叠、翻卷、挤揪等方法，将图案部分缝紧，成疙瘩状，经反复浸染，晾干拆线，被线扎缠缝合的疙瘩部分色泽未渍，则呈现出各种花形。由于不同部分扎的手法及松紧程度不一，在花纹与底色之间往往还有一定的过渡性色泽，呈现出渐变的效果，花的边缘有渍印造成的渐淡或渐浓的色晕，显现出丰富自然而变幻迷离的情调。

扎染图案的最大特征在于水色的推晕，呈现出捆扎斑纹的自然意趣和水色迷蒙的特殊效果，这是其他印染方法所难以达到的。少数民族扎染手工艺多选手工纺织的纯棉、麻白布为原料，经过手工绘制工艺图案，用针线依照图样进行扎牢。扎染图案通常是圆形、方形、螺旋形等，也可以是自然纹（如日、月、星、云、山、水、石等）、动物纹（如虫、鸟、鱼、兽等）、植物纹（如花、草、叶、果等）、人物纹和吉祥纹等。

云南大理白族的草木扎染工艺十分著名，历史上白族扎染织品曾经是进奉王朝的贡品（图5-3）。唐初白族先民的纺织业已达到较高水平，从唐代《南诏中兴国史画卷》和宋代《大理国画卷》中人物的服饰来看，早在一千多年前，白族先民便掌握了“染采纹秀”的印染技术。经过南诏、大理国至今的不断发展，扎染已成为颇具白族特色的手工印染艺术。白族染织业历来以大理一带最为兴旺，就地取材的自产染料是大理白族扎染手工艺得以发展的原因之一。众所周知，大理古城是古代南方丝绸之路重要的驿站，唐太和三年（公元829年）南诏国从成都掳去数以万计的各类工匠，其中有大量的丝绸织染匠，所以大理扎染流行的纹样及缝扎染色工艺与蜀缬十分接近。生活在苍山、洱海间的大理白族长期传承着扎染艺术，是我国目前扎染工艺最为集中、规模最大、产量最多的地方之一。如今，洱海西岸喜洲镇的周城村已经被国家文化部命名为“中国民间扎染之乡”，是白族扎染布的重要产地。除了村里有集体的扎染布厂外，还有以家庭为单位的扎花小作坊。传统扎染主要分布在大理周城和喜洲，街头巷尾随处可见做扎染的人们，当地流传着“一染、二银、三皮匠”的说法。大理周城白族扎染手工艺已于2006年被列入国务院公布的第一批国家非物质文化遗产保护名录。

图5-3 白族扎染

大理白族的扎染采用民间古老的手工印染工艺制成。布料为纯棉白布或棉麻混纺白布，染料为苍山上生长的蓼蓝、板蓝根、艾蒿等天然植物的蓝靛溶液，其中以使用板蓝根的居多。板蓝根是一种清热消炎的药材，早在李时珍时代，中国人就认识并使用它了。明末清初，云南社会经济大规模发展，大理的白族人将它用作了染料，先只是将生白布染蓝，后来学着扎上布，简单染出一些花样，装饰日常生活用品。以前用来染布的板蓝根都是山上野生的，属多年生草本植物，开粉色小花，后来用量大了，染布的人家就在山上自己种植，好的可长到半人高，每年三、四月间收割，先将之泡出水，注到木制的大染缸里，掺一些石灰或工业碱，就可以用来染布。大理白族扎染布质地轻柔，透气性强，具有吸汗、消炎、护肤等保健功能，而且具有色泽越洗越艳的特点。白族姑娘染制的扎染制品，其花形图案由规则的几何纹样组成，多取材于动、植物形象和历代王公贵族的服饰图案，流行的图案有“蛾蛾花”、“鱼鳞花”和“葫芦花”等。图案古朴典雅，线条飘逸洒脱，颜色朴实无华，洋溢着浓郁的生活气息，形成独特的民族风格。大理一带的白族妇女至今仍喜欢戴一尺见方的扎染头帕，一到赶街的日子，一大片蓝色，颇具民族特色。而平日里，在街头随处可见坐在自家门前自顾自地制作扎染的白族妇女。

第六章

少数民族服饰手工艺的保护和传承

第一节 少数民族服饰手工艺的保护现状

保护和传承少数民族服饰手工艺是一个重要而复杂的任务，面临着一系列的问题和挑战。

一、传承者流失和老龄化

由于现代生活方式的改变、年轻一代对传统手工艺的兴趣减少等原因，少数民族服饰手工艺的传承者面临流失和老龄化的问题。许多传统技艺只有少数的老一辈人掌握，年轻一代缺乏机会和意愿学习和传承这些技艺。这导致技艺传承链的断裂，威胁到手工艺的延续性。

（一）现代生活方式的改变

随着社会的现代化和城市化进程，年轻一代的生活方式发生了巨大的改变。他们更多地接触到现代科技和流行文化，对于传统手工艺的兴趣逐渐减少。这使得年轻人更加关注时尚和便捷，对于手工艺的传承缺乏兴趣和动力。

（二）传统手工艺的艰辛和耗时性质

少数民族服饰的手工艺通常需要经过长期的学习和实践才能掌握。技艺的传承需要投入大量的时间和精力，年轻人可能因为学业繁忙、工作压力等原因无法全身心地投入手工艺的学习和传承中。相比之下，他们更倾向于选择更快速和更高效的职业发展途径。

（三）传承者老龄化问题

由于传统手工艺的学习和传承需要时间的积累和经验的沉淀，传承者往往年龄较大。随着时间的推移，传承者逐渐老去，这使得手工艺的传承面临着严峻的挑战。年轻一代无法及时接受传统技艺的指导和培训，导致传承链中断，手工艺的传承受到威胁。

二、缺乏传统技艺的宣传和推广

少数民族服饰手工艺在传统文化中具有重要地位，但它们往往缺乏宣传和推广，许多传统技艺没有得到广泛认知和了解，无法引起更多人的兴趣和关注。这导致手工艺的市场影响力有限，传承者难以获得适当的回报，从而缺乏动力继续传承。

（一）文化认知和意识

缺乏传统技艺的宣传和推广部分源于社会大众对少数民族服饰手工艺的文化认知和意识不足。由于历史、地理和社会发展的差异，不同地区的传统手工艺形式和文化背景之间差异巨大。而且，许多人对这些手工艺缺乏深入了解，甚至对其存在都不知晓。这使手工艺的市场影响力受限，无法引起更多人的兴趣和关注。

1. 文化认知的不足

由于历史、地理和社会发展的差异，每个地区的少数民族服饰手工艺都具有独特的文化背景和风格。然而，许多人对这些传统手工艺的文化知识缺乏深入了解，他们可能对少数民族的历史、传统和文化背景了解甚少，导致对相关手工艺的兴趣和认知程度不高。这种文化认知的不足限制了传统技艺的宣传和推广，使其无法引起更多人的兴趣和关注。

2. 宣传渠道的不足

传统手工艺的宣传渠道相对有限，无法有效地将信息传递给更广大的受众群体。传统手工艺往往受限于地理位置、社会资源和传媒覆盖范围等因素，缺乏足够的曝光度和推广渠道。相比之下，现代化的宣传渠道如互联网、社交媒体等更具普及性和传播力，但传统手工艺往往无法充分利用这些渠道进行推广和宣传。这使手工艺的市场影响力受限，无法引起更多人的兴趣和关注。

（二）教育体系的缺失

当前的教育体系往往忽视了对少数民族服饰手工艺的宣传和推广。学校教育更加注重基础学科和现代技能的培养，对传统手工艺的教育和传承重视不够。这导致年轻一代对手工艺的了解和兴趣有限，传统技艺的宣传和推广渠道受限。

1. 教育体系的优先权

当前的教育中普遍将优先权放在基础学科和现代技能的培养上，忽视了对传统手工艺的宣传和推广。传统手工艺往往被认为是非主流的学习内容，从而被边缘化或被忽视。这导致了学生对少数民族服饰手工艺的了解和兴趣的匮乏，进一步削弱了传统技艺的宣传和推广。

2. 教育课程的缺失

传统手工艺需要通过系统地学习和实践才能真正掌握，但目前很少有学校提供专门的课程来培养学生对少数民族服饰手工艺的了解和技能。这导致学生在教育过程中无法接触到相关知识和技术，无法形成对传统技艺的认同和兴趣。

（三）市场营销和推广策略的不足

传统手工艺的市场推广和营销策略相对薄弱。由于缺乏足够的市场研究和品牌推广，许多手工艺产品无法有效地进入市场，获得更广泛的认可和回报。此外，由于传统手工艺的特殊性和个性化，其宣传和推广需要有针对性的策略和渠道，这也是其目前面临的一个挑战。

1. 市场研究不足

对传统手工艺市场需求的研究不够充分，导致企业和组织难以了解消费者的喜好和需求。缺乏市场数据和消费者洞察，使得手工艺品的生产和推广缺乏针对性，无法满足市场的需求。因此，加强市场研究是提高传统手工艺宣传和推广效果的关键。

2. 品牌推广不足

许多传统手工艺品缺乏有效的品牌推广，无法在市场上建立起知名度和声誉。缺乏专业的品牌策划和推广策略，使得传统手工艺无法吸引更多的消费者和市场关注。建立和推广具有文化特色的品牌形象、提高产品的知名度和认可度，对于传承和保护传统手工艺具有重要意义。

3. 传统与现代的结合不足

在宣传和推广中，需要找到传统手工艺与现代市场需求的结合点。传统手工艺应该与现代设计和时尚元素相结合，创造出更具吸引力和市场竞争力的产品。传统手工艺的文化内涵和独特性应该与现代消费者的审美需求相结合，提升产品的市场竞争力和吸引力。

三、经济利益与文化保护的矛盾

在现代商业环境下，传统手工艺常常面临经济利益与文化保护之间的矛盾。为了适应市场需求和提高竞争力，一些手工艺可能会面临商业化、标准化和大规模生产的压力，这可能导致手工艺的简化和失去独特性。因此，如何在经济利益和文化保护之间找到平衡，成为一个重要的问题。

（一）商业化和标准化对手工艺的影响

为了满足市场需求和商业化的要求，一些传统手工艺可能会受到标准化和规模化生产的影响。商业化的趋势可能导致手工艺品的生产过程简化和标准化，以提高效率和降低成本。这可能导致手工艺的流失和失去独特性，进一步削弱传统手工艺的文化特色和价值。

1. 生产过程的简化和标准化

为了满足市场需求和商业化的要求，传统手工艺的生产过程可能会被简化和标准化。传统手工艺的制作通常是复杂且需要时间和精力的，但商业化的趋势倾向于提高生产效率和降低成本。因此，手工艺品的制作过程可能被简化为机械化或流水线生产，从而减少了对传统手工艺的需求和传承。

2. 手工艺的流失和失去独特性

商业化和标准化的影响可能导致传统手工艺的流失和失去独特性。当手工艺品的生产过程被简化和标准化时，许多传统的制作技巧和细节可能会被忽略或遗忘。这样一来，传统手工艺的独特性和特色将逐渐丧失，手工艺品的文化价值也将受到损害。

3. 文化保护与经济利益的矛盾

在商业化的推动下，经济利益成了传统手工艺保护的一个重要考量因素。一些手工艺品制作者或商家可能更关注利润和市场竞争力，而忽视对传统手工艺的保护和传承。这导致了经济利益与文化保护之间的矛盾。一方面，商业化的推动带来了更大的市场机遇和经济收益；另一方面，它也可能会削弱传统手工艺的文化价值和独特性。

4. 标准化对手工艺的影响

商业化和标准化对手工艺品的影响还体现在产品的设计和风格上。标准化的趋势使得手工艺品更加趋同化，丧失了地域特色和个性化。传统手工艺的魅力在于其独特的文化风格和个性化设计，但商业化和标准化可能导致产品设计的同质化，进而降低消费者对手工艺品的兴趣和认可度。

（二）知识产权和商业保护

在商业环境中，知识产权保护是一个关键问题。少数民族服饰手工艺涉及设计、纹样和专有技术等方面的知识产权。然而，少数民族手工艺的特殊性使知识产权的保护变得复杂。如何在保护手工艺的同时确保经济利益的平衡，是一个需要深入思考的问题。

1. 知识产权的重要性

知识产权是指通过法律手段对知识、技术和创新成果进行保护的权益。在少数民族服饰手工艺中，知识产权涉及设计、纹样、图案和专有技术等方面。保护知识产权可以确保手工艺创作者的合法权益，鼓励创新和创造，并为他们提供经济回报和市场竞争力。

2. 知识产权保护的挑战

然而，在少数民族服饰手工艺中，知识产权保护面临一些特殊的挑战。首先，传统手工艺通常是由多代人口传承下来的，没有明确的权属和创作者信息，知识产权的界定和归属较为复杂。其次，传统手工艺的特殊性和地域性使得保护难度增加，例如，纹样和图案的复制和仿制难以监管。此外，知识产权保护的法律框架和制度在一些地区可能尚未完善或不适用于传统手工艺的保护。

3. 平衡经济利益和文化保护

在商业化的推动下，少数民族服饰手工艺面临着商业竞争和经济利益的压力。一方面，商业化的发展可以提高手工艺品的市场竞争力和经济收益，推动传统手工艺的发展和传承。另一方面，商业化也可能导致知识产权的侵权和文化价值的损失。因此，需要在保护知识产权的同时，确保经济利益和文化保护之间的平衡。这需要综合考虑社会、文化和经济因素，制定相关政策和措施。

（三）文化认同和品牌建设

传统手工艺在文化认同和民族品牌建设中具有重要意义。然而，商业化的趋势往往使得手工艺的文化特色和民族身份被模糊化或忽视。为了在市场上获得竞争力，一些手工艺可能会采取与传统文化相背离的设计和生产方式，导致文化特色的流失。如何在商业化的同时保持传统手工艺的独特性，提升文化认同和品牌价值，是一个需要解决的问题。

1. 文化认同的重要性

少数民族服饰手工艺是少数民族文化的重要组成部分，体现了本民族的独特传统、价值观和生活方式。对于少数民族群体来说，传统手工艺代表着自身的身份认同和文化传承。因此，保护和传承少数民族服饰手工艺对于维护民族文化认同和自我价值感至关重要。

2. 商业化对文化特色的影响

商业化的趋势往往追求经济效益和市场竞争力，这可能导致少数民族服饰手工艺的文化特色和独特性被模糊化或丧失。为了迎合市场需求，一些手工艺可能会采取与传统文化背离的设计和生产方式，导致文化特色的流失。这使手工艺变得同质化，难以区分和赋予民族独特的文化内涵。

3. 品牌建设的挑战

品牌建设是将少数民族服饰手工艺打造成有市场竞争力的品牌的过程。然而，要在商业化的同时保持少数民族服饰手工艺的独特性和文化认同，存在一些挑战。首先，需要找到平衡商业利益和文化保护之间的点，避免过度商业化和价值观冲突。其次，需要注重品牌形象和传播策略的选择，使品牌能够传达少数民族服饰手工艺的文化内涵和独特价值。

四、知识产权保护的挑战

少数民族服饰手工艺的知识产权保护是一个复杂的问题。少数民族服饰手工艺的保护和传承涉及专有技术、设计和纹样等方面的知识产权。然而，由于手工艺传承的口传心授特点，很难确立明确的知识产权所有者和保护措施。此外，盗版和仿制品的存在也会对传统技艺的保护造成威胁。

（一）口传心授和知识产权归属

少数民族服饰手工艺的传承通常依赖于口传心授的方式，这意味着手工艺的传承没有明确的书面记录和知识产权的归属。传统手工艺的传承者通常是长辈或师傅，他们将技艺传授给后代或学徒。这种传承方式导致知识产权所有者的界定变得困难，知识产权保护变得更为复杂。

（二）缺乏法律保护和制度支持

对于少数民族服饰手工艺而言，缺乏明确的法律保护和制度支持是知识产权保护的一个主要挑战。在一些地区，对于传统手工艺的保护和传承，相关的法律和政策并不完善或缺乏执行力，缺乏法律保护和制度支持使得传统手工艺容易受到侵权和盗版的侵害，使得传承者难以获得合理的经济回报和保护。

（三）盗版和仿制品的存在

传统手工艺往往受到盗版和仿制品的威胁，不仅削弱了传统手工艺的独特性和价值，也对传承者的经济利益造成了损害。盗版和仿制品往往以低成本和大规模生产的方式进入市场，使得正版的传统手工艺面临竞争压力。

五、环境变化和资源稀缺

环境变化和资源稀缺也对少数民族服饰手工艺的保护和传承带来了挑战。许多少数民族手工艺依赖特定的自然材料和环境条件，如染料植物、动物皮毛等，但这些资源容易受到环境变化和过度利用的影响。气候变化、土地开发和资源衰竭等因素导致原材料的稀缺和品质下降，给少数民族服饰手工艺的传承和发展带来了困难。

（一）气候变化对原材料的影响

气候变化导致了自然环境的不稳定，这直接影响少数民族服饰手工艺所需原材料的生产和供应。例如，染料植物的生长受降雨、温度和日照等因素的影响。气候变化引起的降雨模式变化和温度上升可能导致染料植物的数量减少、品质下降，进而影响手工艺品的色彩鲜艳度和质量。

（二）土地开发和资源衰竭

由于经济发展和人口增长的需求，许多地区进行了大规模的土地开发和资源开采，导致了原材料的稀缺和资源衰竭。少数民族服饰手工艺所需的特定植物、动物皮毛等原材料往往只存在于特定的地域环境中。然而，这些地区往往面临土地开发、矿产开采和森林砍伐等活动的压力，导致原材料的供应减少，甚至消失，给少数民族服饰手工艺的传承和发展带来了威胁。

（三）品质下降和替代材料的使用

环境变化和资源稀缺迫使少数民族服饰手工艺从传统的原材料转向替代材料。由于原材料的稀缺，手工艺者可能不得不使用替代品或低质量的原材料，这可能导致手工艺品质量下降，失去原有的独特性和魅力。此外，替代材料的使用可能无法完全保留传统手工艺的技术和工艺，影响技艺的传承和创新。

（四）生态平衡和可持续发展

少数民族服饰手工艺与自然环境之间存在着密切的关系，保护和传承少数民族服饰手工艺需要考虑生态平衡和可持续发展的问题。随着资源稀缺和环境压力的增加，保护生态环境、维持生物多样性和可持续利用资源变得至关重要。

六、教育和培训机制的不完善

少数民族服饰手工艺的传承需要系统的教育和培训机制。然而，目前存在着教育资源不足、培训机构缺乏、培训内容和方法不合理等问题。许多传统手工艺仍然以口传心授的方式进行传承，缺乏系统化的培训和教学。这导致传承者的培养和选拔受限，传统技艺无法得到有效传承和发展。

（一）教育资源不足

许多少数民族地区的教育资源相对匮乏，教育机构和学校缺乏对少数民族服饰手工艺的教育和培训项目。这导致年轻一代缺乏接受少数民族服饰手工艺教育的机会，无法了解和学习相关技艺。

（二）培训机构缺乏

在少数民族地区，专门的手工艺培训机构和中心较为稀缺，使得少数民族服饰手工艺的教育和培训难以得到有效组织和管理。同时，现有的培训机构往往面临着资源有限、师资不足和设施条件差等问题。

（三）培训内容和方法不合理

一些少数民族服饰手工艺的培训内容和方法没有与时俱进，无法激发年轻人的兴趣。少数民族服饰手工艺的教学应该与现代设计和市场需求相结合，提供创新的培训内容和方法，使年轻一代更有动力去学习和传承少数民族服饰手工艺。

（四）传统口传心授的局限性

少数民族服饰手工艺往往以口传心授的方式进行传承，这种传统的传承方式存在一定的局限性。口传心授往往需要长时间的亲身体验和实践，对于传承者和学习者的时间和精力要求较高，且容易导致信息的丢失和传承链的断裂。

（五）传承者选拔和培养的问题

少数民族服饰手工艺的传承需要有一批有才华和热情的年轻人投身其中。然而，目前缺乏对传承者的有效选拔和培养机制，导致潜在的传承者没有得到充分的培养和支持，少数民族服饰手工艺的传承面临断层和断代的风险。

七、文化认同和现代生活冲突

现代生活方式的兴起和年轻一代文化认同的转变也对少数民族服饰手工艺的传承产生了影响。年轻人更倾向于追求现代化的生活方式和时尚品牌，对少数民族服饰手工艺的兴趣和认同度下降。这种文化认同转变导致了少数民族服饰手工艺的边缘化和遗忘。

（一）现代生活方式的兴起

随着现代化进程的加快，年轻一代逐渐接触到全球化的流行文化和时尚潮流。他们更加倾向于追求时尚品牌、国际化的服饰和流行元素，而非传统的少数民族服饰。这种现代生活方式的兴起使得年轻人对少数民族服饰手工艺的认同度下降。

1. 全球化的流行文化和时尚潮流

随着现代化进程的加快，全球化的流行文化和时尚潮流越来越影响着年轻人的审美观念和服饰选择。通过大规模传媒和社交媒体的影响，年轻人容易接触到来自世界各地的时尚趋势和流行元素。他们更加倾向于跟随国际品牌和流行趋势，选择现代化、国际化的服饰风格。

2. 广告和市场推广

现代生活方式的兴起使得广告和市场推广在塑造消费者行为和态度方面发挥着重要作用。广告和市场推广通常以现代化、国际化的形象来吸引年轻消费者的关注。它们通过展示时尚品牌、流行元素和现代生活场景来建立消费者对现代化生活方式的认同感，从而影响他们的购买决策。

（二）文化认同的转变

年轻一代的文化认同正在发生转变，他们更加注重个人表达和独特性，渴望融入主流社会。少数民族服饰手工艺往往被视为传统和保守的象征，与现代文化和主流价值观产生冲突。年轻人可能更倾向于采用现代化的服饰和生活方式，以符合自身的文化认同和社会认同。

1. 个人表达和独特性的追求

现代年轻人越来越注重个人表达和独特性，他们希望通过服饰风格和生活方式来展示自己的个性和独特风格。现代化的服饰和时尚品牌通常提供更多选择，可以满足年轻人对多样性和个人化的需求。相比之下，传统的少数民族服饰手工艺往往具有一定的规范性和约束性，难以满足年轻人的个人表达和独特性的需求。

2. 社会认同和融入主流社会

年轻人渴望在社会中获得认可和融入，他们希望与主流社会保持联系，并与其共享共同的价值观和文化符号。传统的少数民族服饰手工艺在某种程度上被视为特定文化群体的象征，与主流社会的认同具有一定的隔阂。年轻人可能更倾向于采用现代化的服饰和生活方式，以符合自身的文化认同和社会认同。

3. 媒体和流行文化的影响

媒体在塑造年轻人的文化认同方面发挥着重要作用。电影、电视剧、音乐和广告等媒体形式通常展示现代化的生活方式和时尚趋势，这对年轻人的审美观和文化偏好产生了影响。媒体的流行文化和主流价值观往往与传统的少数民族服饰手工艺形成对比，导致年轻人对传统手工艺的兴趣和认同度下降。

（三）市场需求的变化

随着消费者需求的变化，市场对服饰产品的要求也发生了转变。现代化的大规模生产和流行文化的影响导致了服饰市场的同质化和标准化。传统的手工艺制品在市场上面临着竞争力的压力，无法满足快速消费和大批量生产的需求。

1. 大规模生产和快速消费

现代化的生产方式使得大规模生产成为可能，同时也推动了快速消费的需求。消费者对服饰产品的需求越来越多样化，而传统的手工艺制品往往无法满足快速消费的需求。手工制作的服饰产品通常需要较长的制作时间和高度的手工技艺，无法满足市场对大批量、快速供应的需求。

2. 同质化和标准化

现代化生产带来的另一个问题是市场上的同质化和标准化。为了降低成本和提高效率，许多服饰制造商采用机械化和标准化的生产方式，进而导致产品设计和风格趋同。与此同时，少数民族服饰手工艺往往注重个体化和独特性，与市场上的同质化趋势形成了鲜明对比。

3. 品牌和市场竞争

现代服饰市场竞争激烈，品牌和市场推广成为决定消费者选择的重要因素。传统的少数民族服饰手工艺往往缺乏品牌化和市场推广，难以在激烈的市场竞争中脱颖而出。相比之下，国际化的时尚品牌和流行文化在市场上具有更大的影响力和知名度，吸引了更多消费者的关注。

（四）传承者的缺失和传统手工艺的衰退

文化认同的转变导致少数民族服饰手工艺传承者的缺失。年轻一代对传统手工艺的兴趣下降，很少有人愿意从事手工艺品的制作和传承。这导致了传统手工艺的衰退和失传，给保护和传承工作带来了巨大的挑战。

1. 变革的社会价值观

随着社会的变迁和全球化的影响，年轻一代的价值观正在发生转变。他们更加注重个人发展、职业选择和经济利益，传统手工艺往往被认为是一种时间消耗长、回报较低的活动。在现代社会中，年轻人更倾向于选择现代化的职业道路，而非从事手工艺品的制作和传承。这种文化变迁导致了传统手工艺的衰退和传承者的缺失。

2. 教育系统的变化

教育系统对于少数民族服饰手工艺的教育和培训存在一定的不足。许多学校更注重传授理论知识和现代技能，对传统手工艺的教育相对较少。这导致年轻人缺乏接触和了解传统手工艺的机会，对其价值和重要性缺乏认知。缺乏系统化的教育和培训机制使得传统手工艺无法得到有效的传承和发展。

3. 经济因素的影响

从事传统手工艺品制作和传承往往面临着经济方面的困境。手工艺品制作需要耗费大量的时间和精力，但回报往往较低。与现代化、工业化的大规模生产相比，手工艺制品的生产成本较高，难以与市场竞争。这导致年轻人在经济考量下往往选择其他职业，而不愿意从事传统技艺的传承。

4.传承环境的变化

随着社会结构的变化和家庭价值观的转变，传统技艺的传承环境发生了重大改变。在传统社会中，手工艺技艺往往由家庭长辈传授给年轻一代。但在现代社会，家庭结构发生了变化，传统的跨代传承受到影响。家庭成员的职业选择多样化，缺乏对传统技艺的关注和传承意识，使得传统技艺的传承面临困难。

第二节 保护和传承少数民族服饰手工艺的建议

一、意识和认知的提升

保护和传承少数民族服饰手工艺首先需要加强社会对其重要性的意识和认知。当前，一些少数民族服饰手工艺面临着消亡和失传的风险，这给少数民族的文化多样性和社会发展都带来了挑战。因此，政府、教育机构、民间组织等应加强宣传和教育，提高公众对少数民族服饰手工艺的认知水平，激发社会各界对其保护的关注和支持。在意识和认知方面，可以通过以下方式进行推进：

（一）教育宣传

在学校教育中加强对少数民族服饰手工艺的教育，开设相关课程和专业，培养学生对传统手工艺的兴趣和认知。

1.教育课程的设置与改进

将少数民族服饰手工艺纳入学校教育课程的教学内容中。可以在艺术、手工艺、文化等相关课程中增加相应的模块或单元，介绍和探讨少数民族服饰手工艺的历史、技艺、文化背景等方面的内容。

针对感兴趣的学生，可以设立专门的选修课程或兴趣小组，为其提供更深入的学习和实践机会，让学生亲身体验少数民族服饰手工艺的制作过程。

引入跨学科教学的理念，将少数民族服饰手工艺与其他学科进行结合，如历史、地理、人文社科等，促进学生对多元文化的全面理解和认知。

2. 专业培训和学科设立

在高等教育机构中设立相关专业或学科，如少数民族服饰设计与制作、传统手工艺保护与传承等。这些专业可以提供系统的教学和培训，培养专业人才，推动少数民族服饰手工艺的发展和传承。

与手工艺社区和传统手工艺人合作，建立实习基地和实践平台，让学生亲自参与和学习少数民族服饰手工艺的制作过程，加深其对手工技艺和文化内涵的理解。

3. 文化活动和体验式学习

举办少数民族服饰手工艺展览、文化节、工艺品市场等活动，让学生亲身接触和体验少数民族服饰手工艺的独特之处。通过观摩、参与互动、学习交流等形式，提高学生对少数民族服饰手工艺的兴趣和认知。

组织实地考察和考古挖掘活动，让学生深入了解和研究少数民族服饰手工艺的历史渊源和发展演变过程。

组织学生参观传统手工艺作坊和工艺展示馆，目睹传统手工艺品的制作过程和精湛技艺，增强对手工艺价值的认知。

鼓励学生参与手工艺品制作的实践活动，让其亲手制作少数民族服饰手工艺品，体验其中的艰辛与乐趣，培养他们的动手能力和创造力。

邀请传统手工艺人到学校举办讲座和进行示范，分享他们的经验和技艺，激发学生对少数民族服饰手工艺的兴趣和追求。

学校可以与当地手工艺社区合作，共同开展传统手工艺的保护和传承项目，让学生与传统手工艺人进行交流合作，深入了解手工艺的文化意义和社会价值。

4. 增加多元文化教育

在学校开展多元文化教育，鼓励学生了解和尊重不同民族的服饰文化，培养他们的跨文化交流与合作能力。

引入多元文化的教材和案例，展示不同民族服饰手工艺在世界范围内的多样性和独特性。

组织学生参加多元文化展示活动和比赛，让他们能够与其他学校的学生进行交流，拓宽视野，加深对多元文化的认知和理解。

通过以上措施，在学校教育中加强对少数民族服饰手工艺的教育，可以提高学生对传统手工艺的兴趣和认知水平，培养他们的创造力和创新意识，从而为保护和传承少数民族服饰手工艺做出积极的贡献。这样的教育宣传工作能够加强学生对少数民族服饰手工艺的了解和认同，提升他们对传统手工艺的尊重和保护意识，为传承和发展少数民族服饰手工艺注入新的活力和希望。

（二）文化活动

举办展览、文化节、工艺品市场等活动，可以展示少数民族服饰手工艺的独特之处，增强公众对其的了解和认同。

1.举办专题展览

策划并举办专题展览，展示少数民族服饰手工艺的历史、技艺、文化内涵等方面。展览可以通过图片、实物、多媒体等形式展示，使观众能够全方位地了解和感受服饰手工艺的独特魅力。

在展览中设置解说员或导览服务，为观众提供详细的讲解，帮助他们理解展品的背后故事和文化意义。

2.主办文化节活动

举办少数民族服饰手工艺文化节，吸引更多的人参与其中。文化节可以包括服饰展示、手工制作工坊、表演节目等多种形式，让观众能够亲身体验和参与手工艺的创作过程。

组织服饰时装秀、传统舞蹈表演等文化演出，可以展示少数民族服饰手工艺在艺术表达和舞台呈现方面的魅力和独特性。

3.搭建工艺品市场

建立工艺品市场或展销会，提供一个交流和交易的平台。在市场中展示和销售少数民族服饰手工艺品，让观众能够购买和使用这些精美的手工艺品，加深对其的认知和喜爱。

邀请传统手工艺人参与市场活动，让他们现场展示制作过程，与观众互动交流，增加观众对手工艺品的了解和认同。

4.举办手工艺品制作工坊

组织手工艺品制作工坊，邀请手工艺人或专家现场指导学习者进行制作。参与者可以亲身体验少数民族服饰手工艺的制作过程，了解其中的技巧和艺术之美，从而增强其对手工艺品的欣赏和尊重。

手工艺品制作工坊可以包括绣花、编织、染色等技艺的传授，让参与者亲自动手制作少数民族服饰手工艺品，深入体验技艺的独特魅力和艺术价值。工坊可以分为初级、中级和高级的不同难度和技巧要求，让学习者逐步提升技艺水平。

与手工艺人合作，邀请他们作为讲师或指导员参与工坊活动，分享他们自身的经验和技巧。手工艺人可以现场演示制作过程，指导学习者使用工具、选择材料，传授特定技法和创作方法，引导学习者在制作过程中发现和体验传统手工艺的魅力。

同时，工坊也可以邀请专业人士、学者或艺术家举办讲座和进行讲解，介绍少数民族服饰手工艺的历史、文化背景和艺术特点，拓宽学习者的知识视野和文化意识。

除了工艺品制作工坊，还可以组织一系列与少数民族服饰手工艺相关的活动，如讲座、研讨会、座谈会等。这些活动可以邀请专家学者、手工艺人、文化传承者等进行学术交流和经验分享，促进对少数民族服饰手工艺的深入探讨和思考。

通过展览、文化节、工艺品市场和工艺品制作工坊等文化活动的举办，公众能够直观地感受到少数民族服饰手工艺的独特之处，深入了解其中的历史、技艺和文化内涵。这些活动可以激发公众对传统手工艺的兴趣，提升他们对少数民族服饰手工艺的认知和欣赏水平，促进其保护和传承工作的开展。

二、传统手工艺的传承和培训

为了保护和传承少数民族服饰手工艺，需要注重传统手工艺的传承和培训。由于现代生活方式和市场需求的改变，许多传统手工艺的传承面临着困难。因此，需要采取措施鼓励年轻一代学习和继承这些手工艺。在传承和培训方面，可以采取以下措施：

（一）建立传统手工艺学校

设立专门的传统手工艺学校或培训机构，为年轻人提供系统的传统手工艺培训，传授技艺和知识。这些学校可以提供手工艺课程，涵盖从基础技艺到高级技巧的教学，培养学生对少数民族服饰手工艺的兴趣和热爱，并传授他们相关的技能和知识。

1.课程设置和教学内容

传统手工艺学校应根据不同的少数民族服饰手工艺特点和技艺层次，设计合理的课程设置和教学内容。课程可以包括基础技艺、传统工具和材料的认识与运用、工艺流程、创新设计等方面的教学内容。通过逐步学习和实践，学生可以逐渐掌握从基础到高级的技艺和技巧。

2.培养师资队伍

传统手工艺学校需要具备专业的师资队伍，他们应具备丰富的手工艺经验和教学能力。这些教师应具备专业知识和技能，能够有效地传授技术和知识，并且具备培养学生兴趣和创新能力的能力。政府可以通过提供培训和提升机会，吸引有经验和才华的手工艺人加入教师队伍中。

3.实践与学习结合

传统手工艺学校应该注重实践与学习的结合，让学生有机会亲自参与制作过程，实践技艺和应用知识。通过实际操作和实践项目，学生可以深入理解传统手工艺的技术要点和艺术价值，掌握各种技术和技巧，并培养创造力和解决问题的能力。

4.传统与现代的融合

传统手工艺学校应该将传统手工艺与现代设计和生产结合，鼓励学生在传统基础上进行创新和发展。学校可以引导学生研究市场需求，进行创新设计，并结合现代工艺技术和材料，将传统手工艺与现代生产方式相融合，推动传统手工艺的传承和发展。

5.学校设施和资源

传统手工艺学校需要提供良好的学校设施和资源，以支持学生的学习和实践活动。这包括提供工作室、实验室和展示空间，配备必要的工具、设备和材料，使学生能够进行实际的制作和展示。此外，学校还应提供丰富的图书馆资源和数字化资料，以便学生深入研究和学习相关的文化、历史和艺术知识。

（二）师徒传承、建立起师徒制度

让有经验和技艺的老师傅将传统手工艺传授给年轻一代学徒。通过实际操作和学习，学徒可以逐步掌握传统技艺，并在实践中不断提升自己的技能水平。

1. 寻找合适的师傅

政府可以通过组织调查和调研，寻找具有丰富经验和技艺的老师傅，他们在少数民族服饰手工艺领域有着卓越的成就和声誉。这些师傅应具备深厚的手工艺技能和知识，同时也应具备良好的教学能力和传授技术的热情。

2. 建立师徒关系

通过政府的协调和组织，建立师傅与学徒之间的师徒关系。师傅可以担任学徒的导师和指导者，指导学徒进行实际操作和学习，传授学生技艺和经验。师徒之间应建立良好的沟通和信任关系，为学徒提供必要的指导和支持。

3. 个性化指导

师傅应根据学徒的个人特点和学习进度，进行个性化的指导和辅导。师傅可以根据学徒的能力和潜力，制订个别的学习计划和目标，并给予针对性的指导和培养，从而能够更好地发挥学徒的潜力和培养其独特的技艺风格。

4. 师徒交流与交流活动

为了促进师徒之间的交流与学习，政府可以组织师徒间的定期交流活动，如研讨会、工作坊、展览等。这些活动可以为学徒提供与师傅和其他学徒互动和交流的机会，拓宽他们的视野，激发创新和合作的灵感。

（三）培训项目和工作坊

开展针对少数民族服饰手工艺的培训项目和工作坊，邀请专家和传统手工艺人进行指导和教授。这些培训项目可以针对不同技艺和层次的学习者，为其提供系统和专业的培训。

1. 课程设计和规划

针对不同技艺和层次的学习者，制定合适的课程设计和规划。课程可以分为基础课程和高级课程，涵盖传统手工艺的不同技艺和工艺流程。基础课程可以包括材料选择、基本手工工具和技巧的学习，而高级课程可以涵盖更复杂的技术和创新设计。

2.专家指导和教授

邀请专家和传统手工艺人担任培训项目的指导和教授。他们应具备丰富的手工艺经验和知识，能够传授技艺和工艺流程，并分享相关的文化和历史背景。专家指导可以给学习者提供深入了解和学习传统手工艺的机会，激发学习者的兴趣和热情。

3.实践和演练

培训项目应注重实践和演练，让学习者亲身参与手工艺制作过程。通过实际操作，学习者可以掌握技术要点和工艺流程，并逐步提升自己的技能水平。培训项目可以提供适当的实践场所和设备，确保学习者进行充分的实践和演练。

4.创新和设计培养

除了传统手工艺的传承，培训项目还应鼓励学习者进行创新和设计的培养。学习者可以在掌握传统手工艺的基础上，发展个人的创意和风格，将传统手工艺与现代元素相结合，创造出新颖和独特的作品。

三、市场机制和经济可持续性

为了保护和传承少数民族服饰手工艺，需要建立健全的市场机制和实现经济可持续性。通过市场的支持和经济的回报，可以为传统手工艺的传承提供动力和支持。

（一）建立合理的价格体系

制定公平合理的价格体系，确保手工艺者能够获得合理的经济回报。同时，鼓励市场渠道为少数民族服饰手工艺提供更多的销售机会，提高其市场认可度和价值。

1.价格制定的公正性

制定价格体系时，应确保公正性和透明度。政府可以设立相关的机构或委员会，负责制定和监督价格政策，以确保手工艺者能够获得合理的利润。应考虑到手工艺者的劳动成本、材料成本、技术水平和市场需求等因素，进行合理的定价。

2. 保护原创设计和知识产权

为了保护手工艺者的创作成果和知识产权，政府可以加强相关法律和政策的制定和执行。鼓励手工艺者进行原创设计，并确保他们享有相应的知识产权保护的权利，以防止他人的侵权行为，维护手工艺作品的独特性和市场价值。

3. 市场推广和宣传

政府可以通过举办展览、展销会和艺术节等活动，积极宣传和推广少数民族服饰手工艺。这些活动可以吸引更多的观众和潜在消费者，提高手工艺作品的知名度和市场认可度。同时，政府可以提供相关的市场推广支持，帮助手工艺者与销售渠道和商家建立联系，扩大销售渠道和市场份额。

4. 建立销售渠道和合作关系

政府可以协助建立销售渠道和合作关系，将手工艺作品引入主流市场。与商家、设计师和品牌合作，可以促进手工艺作品的市场流通和销售。政府可以提供相关的培训和支持，帮助手工艺者提升产品质量、设计创新和市场竞争力。

（二）品牌建设和推广

打造具有地域特色和民族特色的品牌，通过品牌建设和推广，提升少数民族服饰手工艺的知名度和市场价值。同时，加强合作与交流，拓宽销售渠道，将少数民族服饰手工艺推向更广阔的市场。

1. 品牌定位和特色突出

在品牌建设过程中，要明确品牌的定位和特色。考虑到少数民族服饰手工艺的独特性和文化背景，品牌应突出强调其地域特色和民族特色。品牌的定位应与目标市场和消费者需求相契合，形成差异化竞争优势。

2. 设计和包装创新

品牌推广需要注重设计和包装的创新。通过优秀的设计和精美的包装，以吸引消费者的眼球，提升产品的品质感和附加值。设计应与传统手工艺相结合，既传承了传统元素，又注入了现代时尚的元素，使产品更具吸引力和市场竞争力。

3. 市场推广和宣传活动

品牌建设离不开市场推广和宣传活动。政府可以通过组织展览、时装秀、文化艺术节等活动，将少数民族服饰手工艺带入大众视野，提升其知名度和认可度。

同时，借助互联网和社交媒体平台，进行线上推广，以吸引更多的目标消费者。

4. 品牌认证和质量控制

为了确保品牌的信誉和市场竞争力，政府可以设立品牌认证和质量控制机制。通过认证，可以保证手工艺产品的质量和原创性，增强消费者对手工艺产品的信任度。同时，建立质量控制体系，加强对手工艺产品生产过程和材料选择的监督，确保手工艺产品的可靠性和持久性。

（三）产业链整合和创新

通过整合产业链，加强与设计师、制造商、销售商等各个环节的合作，提高手工艺产品的质量和竞争力。同时，鼓励创新和融合，将传统手工艺与现代设计、时尚元素相结合，创造出更具市场竞争力的产品。

1. 建立产业链合作机制

政府可以促进产业链各环节的合作与交流，建立合作机制和平台。手工艺者、设计师、制造商和销售商可以共同参与产品的设计、制造和销售，形成协同合作的产业链。政府可以提供资金支持和政策引导，鼓励产业链各方共同投入和分享利益。

2. 提高生产效率和质量控制

通过整合产业链，可以实现资源共享和生产协同，提高生产效率。政府可以提供生产设备和技术培训支持，帮助手工艺者提升生产能力和技术水平。同时，建立质量控制体系，加强对手工艺产品生产过程和材料选择的监督，确保手工艺产品的质量和可靠性。

3. 创新和融合传统与现代元素

传统手工艺与现代设计、时尚元素的融合可以为手工艺产品注入新的活力和创意。政府可以组织培训和创新活动，鼓励手工艺者与设计师合作，共同开发具有独特风格和市场竞争力的产品。此外，政府还可以为手工艺者提供设计支持和知识产权保护，激励创新和创意保护。

4. 增加市场渠道和销售机会

整合产业链可以扩大销售渠道和销售机会，提高手工艺产品的市场覆盖率。政府可以加强与商家、零售商和电商平台的合作，拓宽手工艺产品的销售渠道。

此外，政府还可以组织展览、推介会和销售活动，提升手工艺产品的曝光度和销售机会。

四、政策和法律保障

为了保护和传承少数民族服饰手工艺，需要制定相关政策和法律，提供法律保障和支持。

（一）保护制度建设

建立相关的法律法规，确立少数民族服饰手工艺的保护制度。这些制度应包括知识产权保护、文化遗产保护、传统技艺认定等方面的规定，确保少数民族服饰手工艺的合法权益和传承。

1. 知识产权保护

制定相关法律法规，确保少数民族服饰手工艺的知识产权得到保护。这包括传统手工艺的专利保护、商标保护、著作权保护等方面的规定。政府可以设立专门的知识产权保护机构，加强对侵权行为的打击和维权工作，保护手工艺者的合法权益。

2. 文化遗产保护

将少数民族服饰手工艺纳入文化遗产保护的范畴，制定相应的法律法规和政策，加强对传统手工艺的保护和传承。政府可以设立文化遗产保护机构，负责对少数民族服饰手工艺进行认定、登记和保护。同时，加强对于传统手工艺传承人的培养和激励，确保传统手工艺能够代代相传。

3. 传统技艺认定

建立传统技艺认定制度，对于少数民族服饰手工艺的传统技艺进行认定和评价。政府可以设立专门的评审机构，组织专家对少数民族手工艺者的技艺进行评估，并授予传统技艺认定证书。这不仅可以为手工艺者提供荣誉和认可，也有助于推动传统手工艺的传承和发展。

（二）经济扶持政策

制定有针对性的经济扶持政策，鼓励和支持少数民族服饰手工艺的生产和销售。政府可以提供财政资金支持、减税优惠、市场推广等方面的支持，促进少数民族服饰手工艺行业的发展和经济可持续性。

1. 财政资金支持

政府可以提供财政资金支持，设立专项资金用于扶持少数民族服饰手工艺产业的发展。这些资金可以用于培训手工艺者、改善生产设施、购买原材料、提升产品质量等。通过财政资金的注入，可以提高产业链的整体水平和竞争力。

2. 减税优惠

政府可以给予少数民族服饰手工艺产业的企业和从业者一定的税收减免或优惠政策，减轻其经营成本和负担。例如，减免营业税、增值税、所得税等税收方面的优惠政策。这将为手工艺者提供更多的发展空间和经济回报，可促进少数民族服饰手工艺产业的长期发展。

3. 市场推广和宣传支持

政府可以提供市场推广和宣传支持，帮助少数民族服饰手工艺产品进入更广阔的市场。政府通过组织展览、时装秀、文化艺术节等活动，可以提升手工艺产品的知名度和认可度。同时，政府还可以利用互联网和社交媒体平台，进行线上推广，吸引更多的目标消费者。

（三）国际合作与交流

加强国际合作与交流，与其他国家和地区共同保护和传承少数民族服饰手工艺。通过国际交流展览、文化交流项目等形式，促进不同民族之间的技艺交流和文化互鉴。

1. 国际展览和展示

政府可以组织开展少数民族服饰手工艺的国际展览和展示等活动，将其呈现给全球观众和专业人士。这可以提高手工艺的知名度和认可度，扩大其国际市场份额。同时，通过展览和展示，不同国家和地区的手工艺者可以相互学习、交流经验，促进技艺的进步和创新。

2.文化交流项目

政府可以积极开展少数民族服饰手工艺的文化交流项目，与其他国家和地区的文化机构、博物馆、学术机构等展开合作。这可以促进少数民族服饰手工艺的传承和研究，共同探讨保护和传承的方法和策略。同时，通过文化交流，可以提升少数民族服饰手工艺的国际影响力，为其开拓更广阔的市场。

3.技艺交流和学习计划

政府可以推动少数民族手工艺者的技艺交流和学习计划，与其他国家和地区的手工艺者进行交流和学习。这可以促进技艺的交流和分享，丰富手工艺者的经验和技能。政府可以提供资金支持和组织机制，帮助手工艺者参与国际交流和学习活动，拓宽视野和提高技艺水平。

4.文化遗产保护合作

政府可以与其他国家和地区共同开展文化遗产保护合作，将少数民族服饰手工艺列入共同保护的范畴。通过共同研究、保护措施的交流，可以促进手工艺的传承和保护。政府可以与相关国际组织合作，共同制订保护措施和行动计划，提升文化遗产的保护水平。

（四）法律保护和执法力度加强

加强对少数民族服饰手工艺的法律保护和执法力度。对于侵犯传统手工艺知识产权、盗用文化遗产等违法行为，要严格追究责任，并加大执法力度，维护少数民族服饰手工艺者的合法权益。

1.法律保护框架的建立

建立相关的法律法规，确立少数民族服饰手工艺的法律保护框架。这些法律法规应涵盖知识产权保护、文化遗产保护、传统技艺认定等方面，确保少数民族服饰手工艺的合法权益和传承得到法律的保障。政府可以组织专家、学者和相关行业人士进行研讨和讨论，制定具有针对性和可执行性的法律保护措施。

2.知识产权保护的加强

加大对少数民族服饰手工艺知识产权的保护力度。政府可以设立专门的知识产权保护机构，负责相关的登记、审查和维权工作。加大对侵权行为的打击力度，严厉打击盗版、侵权等违法行为，保护手工艺者的知识产权合法权益。同时，加强知识产权教育和宣传，提高手工艺者对知识产权保护的意识和能力。

3. 执法力度的加大

加大对少数民族服饰手工艺违法行为的执法力度。政府可以增加执法人员的数量和增强其专业素质，加强对违法行为的监管和打击力度。建立举报制度，鼓励公众积极举报侵犯手工艺知识产权、盗用文化遗产等违法行为。同时，加强执法部门与相关机构的协作，形成合力，提高执法效果。

4. 审查和评估机制的建立

建立审查和评估机制，对涉及少数民族服饰手工艺的商品和产品进行审查和评估。政府可以设立专门的评估机构，组织专家对商品的原材料、工艺、设计等进行审核和评价。对于不符合相关标准和要求的商品，加强监管和处罚，以维护市场秩序和消费者权益。

五、社会参与和合作

保护和传承少数民族服饰手工艺需要社会各界的参与和合作。政府、企业、社会组织、学界等应加强合作，形成共同的力量和机制，共同推动少数民族服饰手工艺的保护和传承。

（一）建立合作平台

建立政府、企业、社会组织等多方参与的合作平台，促进资源共享、信息交流和合作项目的开展。这些平台可以促进各方共同制定保护和传承策略，共同开展相关活动和项目。

1. 政府主导的合作平台

政府可以发挥主导作用，组织建立少数民族服饰手工艺保护和传承的合作平台。该平台可以由相关政府部门牵头，并邀请专家、学者、手工艺者和社会组织代表等多方参与。平台的职责包括制定保护和传承的政策和规划、组织相关活动和项目、提供咨询和支持等。

2. 企业参与的合作平台

邀请企业参与保护和传承工作的建立合作平台是重要的一环。政府可以与相关企业合作，共同建立合作平台，通过企业资源和专业经验的投入，推动少数民族服饰手工艺的发展和市场化。企业可以提供资金支持、技术支持、市场渠道等，帮助手工艺者提升产品质量、拓宽销售渠道，实现经济可持续发展。

3.社会组织参与的合作平台

社会组织在保护和传承少数民族服饰手工艺方面发挥着重要作用。政府可以与相关社会组织合作，共同建立合作平台，通过社会组织的专业知识和资源，推动少数民族服饰手工艺的传承和发展。社会组织可以开展培训和教育项目，组织技艺交流和学习活动、提供社会支持和服务。

（二）企业责任和社会责任

企业应承担起社会责任，支持少数民族服饰手工艺的保护和传承。企业可以通过合作生产、推广销售、技术支持等方式，为手工艺者提供支持和机会，实现企业和社会的共同发展。

1.合作生产与供应链支持

企业可以与少数民族服饰手工艺者建立合作关系，共同开展生产和制造。通过与手工艺者的合作，企业能够充分利用其规模和资源优势，提供更好的生产设备、原材料采购、工艺技术支持等，帮助手工艺者提升生产效率和产品质量，确保传统技艺的传承和发展。

2.推广销售与市场拓展

企业可以通过自身的销售渠道和品牌影响力，为少数民族服饰手工艺提供更广阔的市场。通过与手工艺者合作，将其产品纳入企业的销售渠道，以促进产品的推广和销售。企业可以利用线上、线下的销售平台，开展专场展销、推广活动等，提升产品的知名度和市场竞争力，帮助手工艺者实现经济收益。

3.技术支持与创新合作

企业可以为手工艺者提供技术支持和创新合作机会。通过共享企业的研发能力和创新资源，帮助手工艺者提升产品设计和工艺技术水平，使其能够更好地与现代市场需求相结合。企业可以组织培训、研讨会等活动，以促进技术交流和创新合作，推动传统手工艺与现代设计的融合。

4. 文化传播与教育支持

企业可以通过文化传播和教育支持，帮助提升公众对少数民族服饰手工艺的认知和理解。企业可以开展相关的文化活动、展览、讲座等，向公众展示和介绍少数民族服饰手工艺的历史、技艺和文化内涵。同时，企业还可以与学校、研究机构等合作，推动手工艺技艺的教育与研究，培养年轻一代对少数民族服饰手工艺的兴趣和传承意识。

（三）学术研究与创新

学界应加强对少数民族服饰手工艺的研究与创新。通过深入的学术研究，挖掘和记录传统手工艺的精髓和历史，为少数民族服饰手工艺保护和传承提供理论支持和创新方向。同时，鼓励学界与传统手工艺社区进行紧密合作，通过实践和理论相结合，推动少数民族服饰手工艺的传承和发展。

1. 学术研究与记录

学界应加强对少数民族服饰手工艺的学术研究与记录工作。对手工艺的历史、技艺、文化内涵等方面进行深入研究，可以准确理解和诠释其独特之处。研究成果可以通过学术论文、专著、研究报告等形式进行发布和传播，为少数民族服饰手工艺的保护和传承提供理论基础和参考。

2. 理论支持与创新方向

学术研究应为少数民族服饰手工艺的保护和传承提供理论支持和创新方向。研究者可以分析和解读少数民族服饰手工艺的创作过程、工艺技术、文化象征等方面，探索其内在规律和美学价值。通过对少数民族服饰手工艺的深入研究，可以提出创新性的保护和传承策略，推动少数民族服饰手工艺的发展与时代融合。

3. 学界与手工艺社区合作

学界应与手工艺社区建立紧密的合作关系，共同推动少数民族服饰手工艺的传承和发展。学术研究者可以与手工艺者进行深入交流，了解其技艺传承的实际情况、面临的困难和需求。通过实地调研和参与手工艺实践，学界能够更好地理解手工艺的特点和挑战，并提出切实可行的保护和传承措施。

保护和传承少数民族服饰手工艺是一个综合性的任务，涉及意识和认知、传统技艺的传承和培训、市场机制和经济可持续性以及政策和法律保障等多个方面。

只有通过加强社会对其重要性的认知，注重传统技艺的传承和培训，建立健全的市场机制和实现经济可持续性，以及制定相关政策和法律保障，加强社会参与和合作，才能有效地保护和传承少数民族服饰手工艺，实现文化遗产的保护、民族身份的认同和经济的发展。这需要全社会的共同努力和关注，让少数民族服饰手工艺在当代社会中焕发新的活力。

参考文献

[1] 王笑梅. 刺绣在现代首饰设计中的应用探讨 [J]. 美与时代(上),2019(9):104-106.

[2] 朱春晓. 传统纤维材料在现代首饰设计中的应用研究 [D]. 无锡:江南大学,2013.

[3] 崔萌萌,余美莲. 传统手工刺绣在首饰设计中的应用 [J]. 山东纺织经济,2018(5):53-54.

[4] 吕亚特,方泽明. 畲族服饰中传统元素的文化内涵以及应用研究 [J]. 贵州民族研究,2018,39(10):120-124.

[5] 王欣,朱永山. 传统刺绣在现代首饰设计中的应用 [J]. 大众文艺,2019(16):70-71.

[6] 马丁. 中国元素与首饰设计主题之探讨 [J]. 中国民族博览,2019(6):155-156.

[7] 张静. 论吉祥纹样刺绣及其文化内涵 [J]. 武汉冶金管理干部学院学报,2019,29(3):21-23.

[8] 王乔乔. 民族纹样艺术的文化内涵 [J]. 贵州民族研究,2018,39(3):119-122.

[9] 幸雪,李一,屈萍,等. 民国刺绣的“尚实”美学——以金银绣设色嬗变为例 [J]. 丝绸,2022(9):107-114.

[10] 李克亮. 罗珺:推动非遗产业创新发展,促进乡村振兴 [J]. 文化月刊,2021(3):22.

[11] 钱虹宇. 国潮发展趋势下彝族刺绣的保护与创新 [J]. 商业文化,2021(17):138-139.

[12] 杨晓冬. “宁河绣娘”唐丽娟:“绣”出脱贫致富路 [J]. 中国人才,2021(3):58-59.

[13] 刘德群. 赣南畲族刺绣纹样美学研究——以龙冈畲乡为例 [J]. 美与时代(上),2022(6):65-67.

[14] 杨旭东. 罗珺飞针走线“绣”人生 [J]. 致富天地,2019(4):30-32.

[15] 熊雅倩,徐开玉. 凉山彝族地区非遗传承发展思考以彝族刺绣传承为例 [J]. 当代县域经济,2022(12):48-51.

[16] 彭春梅. 浅谈青海民间传统刺绣中的色彩运用 [J]. 黑龙江纺织,2022(4):8-11.
[17] 季超杰,张佳艺. 匠心非遗刺绣人生——付健作品欣赏 [J]. 国际人才交流,2022(12):52-55.
[18] 吴辰怡. 曲靖布依族刺绣的艺术特征及创新性转化 [J]. 设计艺术研究,2023(1):146-150.
[19] 樊一霖. 印花图案在潮流男装中的运用 [J]. 西部皮革,2020,42(9):67,71.
[20] 王康媚. 民族服饰图案在包装设计中的应用 [J]. 包装工程,2020,41(8):290-292,301.
[21] 彭婷. 民族服饰图案在平面设计中的应用 [J]. 纺织报告,2020(2):98-99.
[22] 张绪胜. 少数民族服饰设计中印花的运用研究 [J]. 艺术科技,2017,30(2):153.
[23] 何苗. 浅谈以培养应用型人才为目标的《服饰图案设计》课程教学 [J]. 轻纺工业与技术,2020(1):175-176.